安全信任对国产婴幼儿配方乳粉购买行为的影响机理研究

ANQUAN XINREN DUI GUOCHAN YINGYOUER
PEIFANG RUFEN GOUMAI XINGWEI DE
YINGXIANG JILI YANJIU

张倩楠　李翠霞　著

中国农业出版社
北　京

U0658966

图书在版编目（CIP）数据

安全信任对国产婴幼儿配方乳粉购买行为的影响机理研究 / 张倩楠，李翠霞著. —北京：中国农业出版社，2023.10

ISBN 978-7-109-31182-4

Ⅰ. 安… Ⅱ. ①张… ②李… Ⅲ. ①婴幼儿－乳粉－食品安全－影响－消费者行为论－研究－中国 Ⅳ. ①TS252.7②F723.55

中国国家版本馆 CIP 数据核字（2023）第 191410 号

中国农业出版社出版

地址：北京市朝阳区麦子店街 18 号楼
邮编：100125
责任编辑：郑 君 文字编辑：张斗艳
版式设计：王 晨 责任校对：张雯婷
印刷：北京中兴印刷有限公司
版次：2023 年 10 月第 1 版
印次：2023 年 10 月北京第 1 次印刷
发行：新华书店北京发行所
开本：700mm×1000mm 1/16
印张：13.75
字数：218 千字
定价：68.00 元

　　作为产品安全高度敏感的食品，三鹿奶粉事件的发生严重降低了消费者对国产婴幼儿配方乳粉的接受度。自事件之后，政府高度重视对婴幼儿配方乳粉市场产品安全的监控，在生产标准、监管措施以及市场准入方面均进行了大幅整改。在政府的严格监控下，国产婴幼儿配方乳粉的产品安全得到了可靠的保障，但消费者对国产婴幼儿配方乳粉的接受度仍然持续走低。虽然在新冠疫情期间国产婴幼儿配方乳粉的市场有所回暖，但随着疫情防控措施的优化，进口婴幼儿配方乳粉的进口量出现上涨趋势，国产婴幼儿配方乳粉如何保持已初步提升的市场份额成了亟待研究的问题。由于婴幼儿配方乳粉产品安全具有高度的重要性和感知模糊性，安全信任成为消费者国产婴幼儿配方乳粉购买行为的重要影响因素，同时消费者对婴幼儿配方乳粉的安全信任取决于其对相关主体保证产品安全能力和意愿的信任程度。另外，统计数据显示，不同消费者群体对国产婴幼儿配方乳粉的购买行为存在较大差异。那么，究竟消费者对国产婴幼儿配方乳粉安全信任处于何种状态？消费者对不同主体的信任如何影响其国产婴幼儿配方乳粉购买行为？为何不同消费群体的购买行为存在差异？本研究将对以上问题进行探究。

　　本书以信息不对称理论、消费者行为理论、计划行为理论为理论基础，结合中国文化背景和婴幼儿配方乳粉产品特点对传统计划行为理论进行修正、扩展，并将消费者对国产婴幼儿配方乳粉的安全信任进一步划分为政府信任、生产主体信任、社会监管主体信任和进口产品信任，在此基础上构建了安全信任对消费者国产婴幼儿配方乳粉购买行为影响机理的理论分析框架，并针对模型解释力和变量关系做出了研究假说。本研究在已有文献的成熟量表和深度访谈的基础上经多次修正后设计了调研问卷，采取网络电子问卷的方式收集数据，在东部、中部、西部和东北部选取北京和广州（一线城市）、郑州和哈尔滨（二线城市）、呼和浩特和银川（三线城市）、牡丹江（四线城市）7个城市作为调研地点，采用等样本滚雪球方法分别发放100份问卷，共获取有效问卷604份。在运用描述性统计分析、独立样本T检验和单因素方差分析方法对样本数据进行必要的描述性分析的基础上，运用结构方程模型实证分析了安全信任对消费者国产婴幼儿配方乳粉购买行为的影响机理，并采用多群组结构方程模型探究了性别、孩子数量、家庭所有成员月收入、受教育程度和生活区域五个人口统计特征在安全信任与购买行为之间所起到的调节作用。在进行理论和实证分析后得出以下主要结论：

在安全信任对国产婴幼儿配方乳粉购买行为影响机理的实证分析中，首先，本研究对消费者国产婴幼儿配方乳粉安全信任程度、传统和修正计划行为理论模型中的各变量和购买行为特征进行了描述性统计分析，研究发现：安全信任程度方面，消费者对四个主体的信任度排序为政府信任＞社会监管主体信任＞生产主体信任＞进口产品信任，政府信任处于有点信任和很信任之间，对其他三个主体的信任程度均处于不确定和有点信任之间；传统和修正计划行为理论模型中的各变量方面，除了面子意识外，消费者对行为态度、主观规范、群体意识和购买意愿四个变量的认同程度均处于不确定和有点同意之间；购买行为特征方面，产品国别方面购买国产婴幼儿配方乳粉的消费者比例略高于进口，购买渠道方面母婴店、超市和正规电商平台是主要购买渠道，产品价位方面平均价位偏高，78.8%的受访者购买的婴幼儿配方乳粉在200元以上。然后，运用结构方程模型对理论模型解释力和变量关系进行了实证分析，研究发现：在模型解释力方面，传统、修正和扩展计划行为理论三个模型对消费者国产婴幼儿配方乳粉购买意愿和购买行为的解释力排序为扩展计划行为理论＞修正计划行为理论＞传统计划行为理论；在变量关系方面，行为态度、群体意识、感知行为控制对国产婴幼儿配方乳粉购买意愿具有显著影响，感知行为控制和购买意愿对国产婴幼儿配方乳粉购买行为具有显著影响，其中购买意愿的总效应和直接效应最大，行为态度的间接效应最大；安全信任变量中，生产主体信任和进口产品信任通过行为态度影响购买行为，政府信任通过购买意愿影响购买行为，其中，生产主体信任对购买行为影响的间接效应最大。

在人口统计特征对安全信任与国产婴幼儿配方乳粉购买行为之间关系的调节作用分析中，首先，本研究对不同人口统计特征消费者的安全信任程度和购买行为特征进行了对比分析，并采用独立样本 T 检验和单因素方差分析方法检验了差异显著性，研究发现：安全信任程度方面，除孩子数量外，不同性别、家庭所有成员月收入、受教育程度和生活区域的消费者对各主体安全信任程度存在显著差异；购买行为特征方面，在产品国别和购买渠道方面不同性别消费者购买的产品国别无显著差异，而购买渠道存在显著差异，不同孩子数量的消费者在两者之间均无显著差异，不同家庭所有成员月收入、受教育程度和生活区域等级的消费者购买的产品国别和渠道存在明显差异，以上人口统计特征均对产品价位无明显影响。然后，运用多群组结构方程模型分析了人口统计特征变量在安全信任和国产婴幼儿配方乳粉购买行为之间的调节作用，研究发现：所有人口统计特征对行为态度与购买意愿、群体意识与购买意愿、购买意愿与购买行为和生产主体信任与行为态度四个路径的作用关系中均无显著调节作用；一孩及以下组、高收入组和一、二线城市组消费者的面子意识对其国产婴幼儿配方乳粉购买意愿影响更显著，性别和受教育程度无显著调节作用；女性组、一孩及以下组、低收入组、低学历组、三、四线城市组和县乡组消费者的感知行为控制对国产婴幼儿配方乳粉购买意愿或行为的影响更大；一孩及以下组、城市组和女性组消费者的进口产品信任对其行为态度的影响更显著，受教育程度和家庭所有成员月收入无显著调节作用；男性组、一孩及以下组、高收入组消费者的政府信任对其购买意愿的影响较大，受教育程度和生活区域无显著调节作用；高收入组和一、二线城市组消费者的进口产品信任显著影响国产婴幼儿配方乳粉购买意愿。

根据安全信任与消费者国产婴幼儿配方乳粉购买行为之间的理论关系研究和实证检验结果，从充分利用消费者群体意识、努力提升消费者安全信任以及全面实施差异化营销策略三个方面提出引导消费者国产婴幼儿配方乳粉购买行为的对策建议。在充分利用消费者群体意识方面，主要从利用社会关系增加消费者数量、借助权威力量提高产品宣传有效性、利用赞誉效应树立良好的口碑入手；在努力提升消费者安全信任方面，主要从提高消费者对政府产品安全监管力度的感知度、提高消费者对生产主体产品安全保证能力的认知度、提高消费者对社会监管主体发布信息真实性的信任度入手；在全面实施差异化营销策略方面，主要从实施差异化的销售模式、提供差异化的产品服务、采取差异化的宣传方式入手。

作　者

2023 年 3 月于呼和浩特

前言

第一章　绪论 ………………………………………………………… 1

一、研究背景及问题提出 ……………………………………… 1

二、研究目的和研究意义 ……………………………………… 8

三、国内外研究现状及评述 ………………………………… 11

四、研究内容、方法及技术路线 …………………………… 39

五、课题来源 ………………………………………………… 42

六、本章小结 ………………………………………………… 42

第二章　概念界定及理论基础 …………………………………… 43

一、相关概念界定 …………………………………………… 43

二、理论基础 ………………………………………………… 47

三、本章小结 ………………………………………………… 52

第三章　安全信任对国产婴幼儿配方乳粉购买行为影响机理的
　　　　假说提出及模型构建 ………………………………… 53

一、研究假说的提出 ………………………………………… 53

二、理论模型构建 …………………………………………… 64

三、本章小结 ………………………………………………… 66

第四章　安全信任对国产婴幼儿配方乳粉购买行为影响机理的
　　　　问卷设计和研究方法 ………………………………… 68

一、问卷设计 ………………………………………………… 68

二、数据收集 ………………………………………………… 76

三、数据分析方法 …………………………………………… 77

四、本章小结 ………………………………………………… 81

第五章 消费者对国产婴幼儿配方乳粉安全信任和购买行为的
　　　描述性统计分析 ……………………………………………… 83
　一、样本人口统计特征 ……………………………………………… 83
　二、消费者国产婴幼儿配方乳粉安全信任水平 …………………… 85
　三、传统和修正计划行为理论模型中各变量的描述性统计分析 …… 99
　四、消费者婴幼儿配方乳粉购买行为特征 ………………………… 112
　五、本章小结 ………………………………………………………… 113

第六章 安全信任对国产婴幼儿配方乳粉购买行为影响
　　　机理的实证检验 ……………………………………………… 114
　一、信度和效度分析 ………………………………………………… 114
　二、假说检验 ………………………………………………………… 116
　三、本章小结 ………………………………………………………… 127

第七章 人口统计特征对安全信任与国产婴幼儿配方乳粉购买
　　　行为关系的调节作用分析 …………………………………… 129
　一、不同人口统计特征的消费者安全信任和购买行为对比 ……… 129
　二、基于人口统计特征作为调节变量的多群组分析 ……………… 156
　三、本章小结 ………………………………………………………… 168

第八章 引导消费者国产婴幼儿配方乳粉购买行为的对策建议 ………… 170
　一、充分利用消费者群体意识 ……………………………………… 170
　二、努力提升消费者安全信任 ……………………………………… 172
　三、全面实施差异化营销策略 ……………………………………… 177
　四、本章小结 ………………………………………………………… 181

第九章 结论 …………………………………………………………… 182
　一、本研究基本结论 ………………………………………………… 182
　二、本研究创新之处 ………………………………………………… 184
　三、研究不足与展望 ………………………………………………… 185

参考文献 ………………………………………………………………… 186

附录 ……………………………………………………………………… 203

第一章 绪 论

一、研究背景及问题提出

（一）研究背景

1. 重大产品安全事件的发生导致进口婴幼儿配方乳粉迅速抢占中国市场

　　婴幼儿配方乳粉是无法实现母乳喂养的婴幼儿的重要甚至是唯一的营养物质来源，其产品安全性对于婴幼儿的身体健康成长发挥着至关重要的作用。虽然母乳喂养对于促进婴幼儿生长发育和改善婴幼儿健康状况具有重要意义，但 2019 年 2 月 25 日中国发展研究基金会发布的《中国母乳喂养影响因素调查报告》显示，中国 6 个月内婴儿纯母乳喂养率仅为 29.2%，其中大城市高于农村地区和中小城市，中国约 70% 的婴幼儿需要依靠婴幼儿配方乳粉获取营养物质。因此，婴幼儿配方乳粉的产品质量安全对中国婴幼儿的身体健康有着关键的影响，也牵动着广大消费者最敏感的神经。

　　作为产品安全高度敏感的食品，重大产品安全事件的发生严重降低了消费者对国产婴幼儿配方乳粉的接受度，为进口婴幼儿配方乳粉抢占市场提供了契机。2003 年安徽阜阳 100 多名婴儿由于食用了蛋白质、脂肪以及维生素和矿物质含量远低于国家标准的劣质奶粉，重度营养不良、生长停滞、免疫力下降，进而并发多种疾病甚至死亡。据中国网报道，2004 年 5 月和 6 月国产婴幼儿配方乳粉的销售量较 2003 年同期下降了 25%。该事件对于刚刚兴起的中国奶业来说无疑是一记沉重的打击。据联合国贸易数据库统计，事件发生前中国婴幼儿配方乳粉出口量在 2002 年达到了 901.0 吨，较 2001

年同期增长了 36%，事件发生后出口量在 2004 年骤降至 25.3 吨，较 2002 年降低了 97%，而婴幼儿配方乳粉的进口量由 2003 年的 9 941.0 吨激增至 2004 年的 13 232.5 吨，涨幅达 33%。虽然安徽阜阳事件降低了国产婴幼儿配方乳粉的接受度，但政府的整顿工作，加之 2005 年雀巢婴幼儿配方乳粉碘超标事件，为国产婴幼儿配方乳粉市场的崛起创造了契机。据乳业资讯网显示，中国市场中国产婴幼儿配方乳粉的市场份额占比在 65% 以上。但 2008 年三鹿奶粉事件爆发后，消费者对国产婴幼儿配方乳粉的信心降至了冰点（El Benni et al.[1]，2019），纷纷通过海淘、国外代购、跨境电商等渠道选购进口产品作为替代产品（Qiao GH et al.[2]，2012），部分消费者甚至远赴中国香港、欧洲等地疯狂抢购进口婴幼儿配方乳粉，消费者的一系列购买行为导致进口婴幼儿配方乳粉迅速抢占了中国市场。联合国贸易数据库显示，中国婴幼儿配方乳粉进口量由 2008 年的 4.2 万吨激增至 2009 年的 6.2 万吨，涨幅达 47.60%。

2. 政府出台一系列法律法规保障国产婴幼儿配方乳粉产品安全

三鹿奶粉事件之后，政府高度重视婴幼儿配方乳粉市场产品安全的监控。中国是全球唯一一个对市场销售的所有婴幼儿配方乳粉实施月月检、月月公告的国家，并加大了对问题企业的处罚力度，是全球监管最严格的国家之一，在中国婴幼儿配方乳粉产业的战略规划、市场准入和生产标准方面出台了全面整改政策。

战略规划方面，2008 年 11 月国务院办公厅转发的国家发展改革委等部门制定的《奶业整顿和振兴规划纲要》中强调"对乳品生产、收购、加工、销售等各环节进行全面整改"。2018 年 6 月发布的《国务院办公厅关于推进奶业振兴保障乳品质量安全的意见》中提出到 2020 年，要实现婴幼儿配方乳粉的品质、竞争力和美誉度显著提升的目标。2019 年 6 月国家发展改革委等部门印发《国产婴幼儿配方乳粉提升行动方案》，明确要大力实施国产婴幼儿配方乳粉"品质提升、产业升级、品牌培育"行动计划。

市场准入方面，政府逐步抬高了婴幼儿配方乳粉的市场准入门槛。2008 年 3 月国家发展改革委迅速发布了《乳制品加工行业准入条件》，针对婴幼儿配方乳粉的生产和加工作出了相应的规范；2013 年《婴幼儿配方乳粉生产许可审查细则》的实施使得中国市场中婴幼儿配方乳粉生产企业缩减到了

103 家；2015 年 5 月修订的《中华人民共和国食品安全法》规定"婴幼儿配方乳粉的产品配方应当经国务院食品药品监督管理部门注册"；2016 年，政府出台了奶粉新规《婴幼儿配方乳粉产品配方注册管理办法》和《关于婴幼儿配方乳粉产品配方注册管理过渡期的公告》，规定自 2018 年 1 月 1 日起只有通过国家婴幼儿乳粉配方注册的配方才可以在市场上销售，进一步规范了中国市场中流通的婴幼儿配方乳粉的品牌种类和配方数量。《婴幼儿配方乳粉产品配方注册管理办法》实施后，中国市场（尤其是三、四线城市市场）中婴幼儿配方乳粉的品牌数量大幅削减，市场空间加大，为国产婴幼儿配方乳粉夺回市场份额提供了契机，同时也增加了进口婴幼儿配方乳粉进一步深入三、四线城市市场的可能性。

生产标准方面，中国政府制定的婴幼儿配方乳粉生产标准被称为"全球最严谨的标准"。2010 年 3 月制定了关于生乳、婴幼儿配方食品等的 66 项国家安全标准。2013 年 6 月发布的《提高乳粉质量水平，提振社会消费信心行动方案》中提出"要求对婴幼儿乳粉参照药品管理"，《关于进一步加强婴幼儿配方乳粉质量安全工作意见的通知》中提出健全长效监管机制，实现婴幼儿配方乳粉从源头到消费全过程监管。2021 年 2 月国家卫生健康委和国家市场监督管理总局联合发布了《食品安全国家标准 婴儿配方食品》《食品安全国家标准 较大婴儿配方食品》和《食品安全国家标准 幼儿配方食品》（新国标）。

3. 产品安全提高后消费者对国产婴幼儿配方乳粉的接受度涨势低迷

在政府的高度重视和严密监控下，国产婴幼儿配方乳粉的安全性得到了大幅提升。2018—2020 年国产婴幼儿配方乳粉抽检合格率呈稳步上升态势。2018 年国家市场监督管理总局抽检婴幼儿配方乳粉 10 次，2 546 个批次，合格率在 99% 以上，其中 8 个月合格率是 100.00%；2019 年生鲜乳抽检合格率 99.90%，乳制品和婴幼儿配方乳粉的国家食品安全监督抽检合格率分别为 99.70% 和 99.80%，主流品牌的抽检合格率高达 100.00%；国家市场监督管理总局发布的《市场监管总局关于 2020 年市场监管部门食品安全监督抽检情况的通告》显示，2020 年我国乳制品抽检合格率为 99.87%，婴幼儿配方食品抽检合格率为 99.89%，特殊医学用途配方食品抽检合格率为 99.91%，是 34 类抽检食品中合格率最高的。另外，三聚氰胺等重点监控违禁添加物的抽检合格率自 2008 年之后均为 100.00%。

虽然在政府的严格监控下，国产婴幼儿配方乳粉的产品安全得到了可靠的保障，但消费者对国产婴幼儿配方乳粉的接受度涨势低迷。从市场份额来看，进口婴幼儿配方乳粉仍占据较大的市场份额。前瞻产业研究院数据显示，截至 2019 年，中国市场中国产婴幼儿配方乳粉的市场份额仅为 49%，与 2019 年 6 月国家发展改革委等 7 部门发布的关于《国产婴幼儿配方乳粉提升行动方案》的通知中所提出的"力争婴幼儿配方乳粉自给水平稳定在 60% 以上"的目标仍存在较大距离。另外，在 2020 年中国婴幼儿配方乳粉品牌占比前十名中，国产婴幼儿配方乳粉仅占有 4 个席位，其中飞鹤、君乐宝、伊利和合生元的市场占有率分别为 14.8%、6.9%、6.2% 和 4.0%。从进口量来看，2008 年后中国婴幼儿配方乳粉进口量呈持续快速增长态势。联合国贸易数据库显示，2008—2019 年，中国婴幼儿配方乳粉进口量由 2008 年的 4.22 万吨激增至 2018 年的 35.64 万吨，年均增长率为 23.78%，2019 年同比增长 6.99%。从产量来看，国产婴幼儿配方乳粉产量增速放缓，中国奶业协会和智研咨询发布的数据显示，中国婴幼儿配方乳粉产量由 2009 年的 41.20 万吨增至 2021 年的 97.94 万吨，年均增长率为 7.48%，2021 年同比增长 3.00%。

但是，2019 年新冠疫情发生后，进口婴幼儿配方乳粉受到极大冲击，跨境购和代购萎缩到低点，线下渠道也在不断减少，仅能通过线上渠道维持市场份额，加之消费者对进口婴幼儿配方乳粉携带新冠病毒的担忧，在此契机下国产婴幼儿配方乳粉的市场有所回暖。前瞻产业研究院数据显示，2021 年国产婴幼儿配方乳粉市场占有率已超过 60%；联合国贸易数据库显示，2020 年中国婴幼儿配方乳粉进口量首次出现下降趋势，同比下降 2.12%，2021 年持续降至 27.27 万吨，同比下降 21.84%。但随着疫情防控措施的调整，进口婴幼儿配方乳粉的购买渠道逐步恢复，中国婴幼儿配方乳粉的进口量有所回升。2022 年 12 月发布的中国奶业贸易月报显示，2022 年 1—11 月中国婴幼儿配方乳粉的进口量为 24.34 万吨，同比增长 4.5%。另外，2022 年 12 月 7 日国务院发布了《关于进一步优化落实新冠肺炎疫情防控措施的通知》，进口婴幼儿配方乳粉的销售渠道将进一步恢复。国产婴幼儿配方乳粉如何保持已初步提升的市场份额成为亟待研究的问题。

4. 安全信任是消费者婴幼儿配方乳粉购买行为的重要影响因素

作为一种特殊的食品，婴幼儿配方乳粉与普通食品之间安全属性的差异使安全信任成为消费者购买行为的重要影响因素（El Benni et al.[1]，2019；Qian et al.[3]，2013）。首先，与普通食品相比，婴幼儿配方乳粉的信任品属性更加明显。普通食品消费者的买后感知具有较强的确定性和及时性，大多数普通食品的购买者可以通过自身的食用效果或他人的食用评价及时并准确地判断产品是否安全。但婴幼儿配方乳粉消费者的买后感知存在模糊性和滞后性。婴幼儿配方乳粉的食用者是婴幼儿，购买者是其父母、祖父母等与婴幼儿关系最亲密的人，由于婴幼儿的语言表达能力尚未发育健全，购买者无法及时准确地了解婴幼儿食用婴幼儿配方乳粉后的感受，只能通过观察婴幼儿的行为表现判断产品是否安全。其次，与普通食品相比，婴幼儿配方乳粉产品安全的重要性更强。多数普通食品食用者的机体具有较强的抗风险能力，食用存在轻度安全问题的食品并不会对食用者造成较大的伤害，同时人类饮食种类具有多样性，一般情况下不会出现由于长期连续食用同样食品导致毒素累积进而危及生命的事件。但作为替代母乳的食品，婴幼儿配方乳粉几乎是非母乳喂养的婴幼儿在婴幼儿时期的唯一能量来源。受到婴幼儿机体抗风险能力及使用频率的影响，微小的安全隐患也会对婴幼儿的身体发育甚至生命健康产生巨大的威胁（De Lauzon‐Guillain et al.[4]，2018；Weber et al.[5]，2014；Bourlieu et al.[6]，2015）。因此，在做出购买决策之前，消费者会综合评估市场中流通的各类婴幼儿配方乳粉产品的安全性，并在自身能够承受的最大范围内选购其认为安全信任度最高的产品。此外，由于婴幼儿配方乳粉是一种阶段性消费产品，为了保证婴幼儿的健康成长，部分消费者甚至会完全忽略产品价格因素，仅购买其认为安全信任度最高的产品。

5. 安全信任危机阻碍了消费者购买国产婴幼儿配方乳粉的行为

安全信任危机是消费者实施国产婴幼儿配方乳粉购买行为的最大障碍。虽然2008年之后国产婴幼儿配方乳粉未发生大范围的安全事件，产品安全也得到了可靠的保障，但随着2010年"地沟油"、2011年"皮革奶"、2013年"毒生姜"等一系列重大食品安全事件的接连发生，消费者对于国内食品行业的整体信任程度有所降低。当人们对某件事的关注热度还未完全消退时，新一轮的丑闻又迅速让中国食品行业在"低质量——低信任"的泥沼中陷得更深，逐渐削弱了消费者对国内食品供应链的安全信任（李想等[7]，2014；Kendall et al.[8]，2018；Knight et al.[9]，2008；Liu RD et al.[10]，2013；Keith Walley et al.[11]，2014；Wang ZG et al.[12]，2008；Xu LL et al.[13]，2010）。因此，消费者对食品安全监管主体（政府、企业及媒体）产生了严重的不信任，形成了信任危机。考虑到婴幼儿配方乳粉产品安全的重要性，消费者对婴幼儿配方乳粉产品安全的真实性大多持"宁可信其有，不可信其无"的态度，某产品一旦出现安全事件，消费者很难恢复对该产品的信任。国产婴幼儿配方乳粉的历史污点以及信任危机致使消费者对国产婴幼儿配方乳粉产生了安全不信任，抑制了购买行为的发生。

消费者对相关主体保证产品安全的能力和意愿的信任程度综合形成了对国产婴幼儿配方乳粉的安全信任，进而对消费者购买行为的实施产生不同程度的影响。信任品属性以及产品专业知识和可靠渠道的缺乏导致消费者不具备通过婴幼儿配方乳粉产品属性判别其安全性的能力（Krittinee et al.[14]，2017）。消费者只能主观判断生产主体、社会监管主体（媒体、专家、第三方检测机构等）和政府等相关主体对产品安全的重视程度和控制能力，综合评估后形成对产品的安全信任（Lobb et al.[15]，2007）。同时，在中国以关系社会为基础的文化背景下，个体在有需要的时候倾向于依赖自己的社会关系（杨中芳等[16]，1999；许烺光[17]，2002；翟学伟[18]，2014）。亲密人际关系推荐是消费者婴幼儿配方乳粉购买行为的重要影响因素（刘华等[19]，2013；黄亚东等[20]，2015；徐迎军等[21]，2017）。消费者对于生产企业、社会媒体、政府等相关主体的安全信任可能会对消费者购买行为产生直接或间接影响。另外，以产品来源国为标准将消费者购买的产品分为进口和国产两类（徐迎军等[21]，2017），消费者对进口婴幼儿配方乳粉产品安全的信任会抑制其国产婴幼儿配方乳粉的购买行为。虽然已有文献证明对相关主体的信任会影响消费者婴幼儿配方乳粉购买行为，但对消费者购买行为的影响程度及方式尚待进一步研究。

6. 安全信任对国产婴幼儿配方乳粉的影响程度在不同群体之间存在差异

在不同消费者群体中，安全信任对国产婴幼儿配方乳粉购买行为的影响程度存在差异。从中国婴幼儿配方乳粉市场宏观数据看，国产婴幼儿配方乳粉的接受度普遍较低，且一、二线城市的消费者对于国产婴幼儿配方乳粉的接受度远低于三、四线城市的。易观数据显示，国产婴幼儿配方乳粉在一、二线城市的接受度极低，分别为 4％和 8％，而在三、四线城市的接受度均为 26％。一个产品只有比竞争对手更好地满足了消费者的需求，才能获得消费者的"货币投票"（唐学玉等[22]，2012）。针对此现象，本书从两个角度解释了可能的原因：一方面，三、四线城市消费者同样更加信任进口婴幼儿配方乳粉，但受到其收入、家庭人口结构、生活环境等人口统计特征因素的影响，国产婴幼儿配方乳粉相对低廉的价格、较高的购买便利度等优势可能在一定程度上弱化了安全信任对其购买行为的影响，因此国产婴幼儿配方乳粉比进口产品更好地满足了消费者的需求，进而提高了三、四线城市消费者的接受度；另一方面，国产婴幼儿配方乳粉的主要销售市场在三、四线城市，三、四线城市消费者对国产婴幼儿配方乳粉的认知更深入，安全信任度更高，进而引导了其购买行为的发生。以上原因分析仅为本书结合现实问题的初步假说，并未发现相关文献针对此问题进行验证。因此，探究人口统计特征变量在安全信任与国产婴幼儿配方乳粉购买行为之间的调节作用具有重要的现实意义。

（二）问题提出

在新冠疫情防控措施优化和市场竞争加剧的背景下，如何从安全信任视角引导消费者国产婴幼儿配方乳粉购买行为并针对不同消费群体制定相应的战略是现阶段中国婴幼儿配方乳粉产业亟须解决的问题。计划行为理论是消费行为研究中应用最广泛的行为框架，已在许多消费者食品购买意愿和行为研究中成功应用（Cook et al.[23]，2002；Vermeir et al.[24]，2008；Qi et al.[25]，2019；Kim et al.[26]，2014；Vecchione et al.[27]，2015；Zhang et al.[28]，2018）。现有研究表明，西方文化背景下提出的计划行为理论对中国消费者购买行为的解释力相对较差（Qi et al.[25]，2019；李东进等[29]，2009；何小洲等[30]，2014；郑玉香等[31]，2009），需结合中国文化背景进一步修正传统计划行为理论。因此，本书以修正后的计划行为理论为基础，用实证研究方法，探究安全信任对消费者国产婴幼儿配方乳粉购买行为的影响机理，进一步分析人口统计特征在安全信任与消费者国产婴幼儿配方乳粉购买行为之间所起到的调节作用，并提出引导消费者国产婴幼儿配方乳粉购买行为的对策建议。这对于中国婴幼儿配方乳粉产业发展以及我国乳业的可持续健康发展具有重要的战略意义。

二、研究目的和研究意义

（一）研究目的

随着新冠疫情防控措施的优化，进口婴幼儿配方乳粉的购买渠道又逐步增加。《婴幼儿配方乳粉产品配方注册管理办法》的实施，进一步规范了中国市场中流通的婴幼儿配方乳粉的品牌种类和配方数量，加剧了国产和进口婴幼儿配方乳粉品牌之间的竞争。在进口婴幼儿配方乳粉购买渠道逐步恢复和市场竞争日益加剧的背景下，如何从安全信任视角引导消费者国产婴幼儿配方乳粉购买行为并针对不同消费群体制定相应的策略是现阶段中国婴幼儿配方乳粉产业亟须解决的问题。本书以中国婴幼儿配方乳粉市场为研究平台，结合婴幼儿配方乳粉产品特征，以婴幼儿配方乳粉消费者为研究对象，探究安全信任对国产婴幼儿配方乳粉购买行为的影响机理。为了实现上述总体目标，本书需要完成如下具体目标：

（1）探究基于中国文化背景下传统计划行为理论模型的修正，发现中国文化背景与消费者国产婴幼儿配方乳粉购买行为之间的作用关系；

（2）探析基于信任对象角度消费者安全信任维度的划分，找到消费者国产婴幼儿配方乳粉安全信任的评价指标；

（3）构建安全信任与婴幼儿配方乳粉购买行为之间关系的理论分析框架，发现安全信任对消费者国产婴幼儿配方乳粉购买行为的影响；

（4）探索人口统计特征在安全信任与消费者国产婴幼儿配方乳粉购买行为之间关系所起到的调节作用，发现消费者人口统计特征在安全信任和购买行为之间的调节作用。

（二）研究意义

当前中国婴幼儿配方乳粉产业发展所面临的最大困难是如何在新冠疫情

防控措施优化的背景下，保持现有的市场占有率的基础上进一步提高消费者对国产婴幼儿配方乳粉的接受度。消费者对国产婴幼儿配方乳粉的安全信任和购买意愿是影响消费者国产婴幼儿配方乳粉接受度的重要因素，因此，探究如何提高消费者对国产婴幼儿配方乳粉安全信任和引导消费者实施国产婴幼儿配方乳粉购买行为具有重要的理论意义和实践意义。

1. 理论意义

本研究在计划行为理论的适用性探究、婴幼儿配方乳粉安全信任的维度划分和量表开发的研究工作中进行了初步的探索，并从研究视角上拓展了婴幼儿配方乳粉安全信任和购买行为的相关研究。

（1）探索了计划行为理论的理论适用性。计划行为理论虽然是研究消费者行为时应用最广泛的理论框架之一，但其是在西方文化价值体系的背景下建立起来的。文化价值体系与消费者的购买意愿和购买行为密切相关，因此需要根据研究对象的文化背景构造额外的测量变量以修正补充传统计划行为理论。本书结合中国文化背景、消费环境以及相关文献修正了传统计划行为理论，并实证对比分析了传统计划行为理论和修正后的计划行为理论对消费者国产婴幼儿配方乳粉购买意愿和购买行为的解释力，在计划行为理论的理论适用性上进行了初步探索。

（2）为婴幼儿配方乳粉安全信任的维度划分提供了新的理论视角，开发了婴幼儿配方乳粉安全信任的测量量表。在所查阅的文献中，大多对信任的维度划分进行了系统研究，仅极少数学者从单一或多维度对安全信任进行测度。本研究从被信任对象的角度对婴幼儿配方乳粉安全信任进行维度划分，并结合相关文献和深度访谈资料开发了测量量表。

（3）拓展了婴幼儿配方乳粉安全信任和购买行为的相关研究。虽然现有研究已经积累了一定的研究成果，但关于消费者对国产婴幼儿配方乳粉的安全信任和购买行为的关系的研究大多停留在经验层面，鲜有实证研究。特别是在消费者需求差异化显著的背景下，不同消费群体需求差异的现状及原因成为亟待解决的问题。本书从新的角度构建并实证检验了安全信任与消费者国产婴幼儿配方乳粉购买行为的关系的理论框架，进一步探究了人口统计特征在安全信任与消费者国产婴幼儿配方乳粉购买行为之间所起到的调节作用，并针对消费者国产婴幼儿配方乳粉购买行为差异化的问题进行了初步探索。

2. 实践意义

婴幼儿配方乳粉的安全关系到婴幼儿的健康成长以及国家和民族的未来。在《婴幼儿配方乳粉产品配方注册管理办法》的实施加剧了市场竞争的背景下，探究安全信任对国产婴幼儿配方乳粉购买行为的影响机理以及人口统计特征对两者的调节作用，并分别针对消费者群体意识、安全信任以及不同消费群体提出引导消费者国产婴幼儿配方乳粉购买行为的对策建议，对促进国产婴幼儿配方乳粉在中国市场中竞争发展、并争取在国际竞争中居于有利地位具有极其重要的现实意义。

（1）为政策制定者修复消费者对国产婴幼儿配方乳粉安全的信任指出了改进方向。婴幼儿配方乳粉是无法实现母乳喂养的婴幼儿的重要甚至是唯一的营养物质来源，其产品安全性对于婴幼儿的身体健康成长发挥着至关重要的作用。提高消费者对国产婴幼儿配方乳粉的安全信任并促进其购买行为是稳定提高国产婴幼儿配方乳粉市场占有率的关键因素。本研究实证分析了安全信任对消费者国产婴幼儿配方乳粉购买行为的影响机理，并从安全信任的角度提出了促进消费者国产婴幼儿配方乳粉购买行为的政策建议，为政策制定者提供了参考。

（2）为行业经营者针对不同消费群体和区域环境制定营销策略提供了现实依据。《婴幼儿配方乳粉产品配方注册管理办法》实施后，中国市场（尤其是三、四线城市市场）中婴幼儿配方乳粉的品牌数量大幅削减，为进口婴幼儿配方乳粉下沉至三、四线城市市场提供了契机。本研究在实证分析了人口统计特征在安全信任与消费者国产婴幼儿配方乳粉购买行为之间的调节关系后，针对不同消费群体和区域环境提出了营销建议，为行业经营者提供了现实依据。

（3）为其他学者开展安全信任、购买行为等相关研究提供了新的视角。现有研究大多仅从定性的角度阐述了消费者对国产婴幼儿配方乳粉的安全信任和购买行为，缺乏对于国产婴幼儿配方乳粉购买行为的特异性和影响因素的系统分析。同时，在中国婴幼儿配方乳粉市场消费差异化显著的背景下，缺乏针对不同消费群体的国产婴幼儿配方乳粉购买行为差异的研究。本研究在探究安全信任对国产婴幼儿配方乳粉购买行为的影响机理的基础上，结合现实情况，分析了人口统计特征变量在安全信任与消费者国产婴幼儿配方乳粉购买行为之间的调节作用，为其他学者提供了新的研究视角。

三、国内外研究现状及评述

回顾总结前人的研究文献，不仅能够帮助我们找到合适的研究切入点，也为本书研究思路框架的确定、研究方法的选择以及步骤的确定奠定了基础（李怀祖[32]，2004）。本章以期通过分析总结国内外相关文献了解安全信任与国产婴幼儿配方乳粉购买行为之间关系研究的现状，进而拓展出本文的研究空间。本书主要针对信任、安全信任以及消费者购买行为的相关理论、研究方法进行研究，结合研究对象（国产婴幼儿配方乳粉），重点围绕国产婴幼儿配方乳粉、信任与安全信任、国产婴幼儿配方乳粉购买行为、安全信任与购买行为之间的关系以及婴幼儿配方乳粉与普通食品之间的差别五方面综述国内外相关文献的研究趋势、研究理论以及研究方法。

（一）关于国产婴幼儿配方乳粉的研究

在知网和 Web of Science 核心合集中以"婴幼儿乳粉"或"婴幼儿配方乳粉"为关键词进行检索，梳理相关文献发现，国内外相关研究集中在工程科技、医疗卫生科技、农业科技等领域，研究内容主要包括婴幼儿配方乳粉营养成分添加、加工技术和质量控制等，国外文献中仅有不足 10 篇经济与管理领域的，国内文献包括 70 篇核心期刊论文和 62 篇硕博论文，期刊论文中新闻资讯类文章有 39 篇，研究类文献有 31 篇，比重不及一半。本书的研究对象是国产婴幼儿配方乳粉购买行为，属于经济与管理领域范畴，因此下文仅对国内经济与管理领域的婴幼儿配方乳粉相关研究类文献进行综述。

由于国外婴幼儿配方乳粉产业集中度较高，且未发生过重大质量安全事件，国外消费者对其本国产品大多持信任态度。在 Web of Science 核心合集中以"婴幼儿乳粉"或"婴幼儿配方乳粉"为关键词进行检索，未见关于国外消费者对本国婴幼儿配方乳粉安全信任及购买行为的国外文献，国外关于婴幼儿配方乳粉的研究主要集中在营养成分添加（Zhu et al.[33]，2018；Kelleher et al.[34]，2003）、喂养方法（Smith et al.[35]，2016；Appleton et al.[36]，2018）、不同产品及喂养方式对婴儿成长发育的影响（Slupsky[37]，2017；Bettler et al.[38]，2010）等方面。2008 年中国三鹿奶粉事件发生之后，消费者对国产婴幼儿配方乳粉的质量安全丧失信任，中国市场对进口婴幼儿配方乳粉的需求量激增，国外婴幼儿配方乳粉生产商纷纷针对中国消费者制定营销策略，致力于打通中国市场。此现象吸引了相关领域学者的注意，关于中国消费者婴幼儿配方乳粉消费行为的国外研究文献应运而生，主要包括消费者信任（Gan et al.[39]，2017）、消费偏好（El Benni et al.[1]，2019；Yin et al.[40]，2018；Hanser et al.[41]，2015；Wu et al.[42]，2014；Yin et al.[43]，2017）。研究结果显示，2008 年三鹿奶粉事件之后，消费者对国产婴幼儿配方乳粉的安全严重缺乏信任，具有经济能力和社会资源的消费者均选择购买其认为安全更有保障的进口婴幼儿配方乳粉（Hanser[41]，2015）。有机食品标签、可追溯性信息、原产地等安全属性信息对消费者的购买决策影响最大（Yin et al.[40]，2018）。相比于发达国家，中国消费者大多倾向于信任乳业发达国家认证系统、奶源以及生产过程（Yin et al.[40]，2018；Yin et al.[43]，2017），并且多数消费者愿意为质量安全更具保障的产品支付溢价（El Benni et al.[1]，2019）。

与国外类似，国内在经济与管理科学领域关于婴幼儿配方乳粉的文章从 2008 年三鹿奶粉事件发生之后大量涌现，且研究内容的丰富度和数量均明显高于国外相关研究。2008 年三鹿奶粉事件发生后，出现了许多从生产加工、政府监管等角度分析事件发生原因（刘巍[44]，2008；楼明[45]，2009；刘杰[46]，2008；耿国彪[47]，2008）、应对措施（梁栋等[48]，2008；侯志春[49]，2010）、社会影响（漆雁斌等[50]，2009）的研究类文章。三鹿奶粉事件后消费者对国产婴幼儿配方乳粉的信任丧失殆尽，转而将其认为质量安全信任度更高的进口婴幼儿配方乳粉作为替代品，致使进口婴幼儿配方乳粉需求量猛增（苏浩等[51]，2010；芦丽静等[52]，2014；昝梦莹等[53]，2015），国产婴幼儿配方乳粉市场受到了巨大的冲击。为了修复消费者信任，挽回国产婴幼儿配方乳粉的市场份额，政府、生产者等相关主体采取了多项措施，自 2010 年起陆续出现了关于国产婴幼儿配方乳粉信任、消费、偏好等方面问题的研究类文献，研究结果显示，三鹿奶粉事件后中国消费者的国产婴幼儿配方乳粉购买行为存在区域差异（全世文等[54]，2017）。昝梦莹等（2015）

定性描述分析了中国婴幼儿配方乳粉市场消费现状，提出即使三鹿奶粉事件后国产婴幼儿配方乳粉的质量安全得到了大幅提升，但消费者婴幼儿配方乳粉购买行为仍然缺乏理性，进口婴幼儿配方乳粉在中国市场上仍占主导地位，2013 年其市场份额达 54%[53]。于海龙等（2012）采用分层随机抽样法调查了北京市 4 个主城区（西城区、海淀区、朝阳区和丰台区）中各阶层消费者的婴幼儿配方乳粉购买行为，研究发现，与国内婴幼儿配方乳粉品牌相比，国外品牌占据明显优势，82.7% 的消费者购买国外品牌，购买比例最高的前 4 位均为国外品牌，分别为多美滋（30.9%）、美赞臣（23.5%）、雅培（19.2%）和惠氏（18.9%），在购买比例最高的前 18 个品牌中，国产品牌仅占 7 席[55]。而黄亚东等（2015）采用抽样法调查了呼和浩特市及其近郊旗县的消费者发现，该地区购买比例最高的婴幼儿配方乳粉品牌为国产品牌伊利（30.45%），购买比例最高的 10 个品牌中，国产品牌占 6 席[20]。另外，国内外关于婴幼儿配方乳粉购买行为影响因素的研究结论基本一致，产品来源地（徐迎军等[21]，2017；全世文等[54]，2017；尹世久等[56]，2014）、有机认证（全世文等[54]，2017；尹世久等[56]，2014）、品牌（徐迎军等[21]，2017；尹世久等[56]，2014）等产品安全属性信息，风险感知（于海龙等[55]，2012；全世文等[57]，2011）、信任（郭峰等[58]，2016；全世文等[57]，2011）、产品认知（郭峰等[58]，2016；全世文等[58]，2011）、国货意识（徐迎军等[21]，2017）等消费者心理因素，以及性别（于海龙等[55]，2012）、收入（于海龙等[55]，2012）、受教育程度（郭峰等[58]，2016）等消费者特征因素是影响消费者国产婴幼儿配方乳粉购买行为的重要因素。

（二）关于信任与安全信任的研究

1. 关于信任的研究

（1）信任的内涵。信任问题伴随着社会现代化的发展逐渐受到广泛的关注。20 世纪 50 年代以前，由于信任被看作理所当然的、不言自明的形态而弥漫于社会生活的每一个角落，少有学者针对信任问题开展研究（翟学伟[18]，2014）。20 世纪 50 年代之后，随着社会现代化的发展，社会不确定性因素大量增加，劣质食品药品、山寨产品、学术造假、贪污腐败等现象使现代化生活中的社会风险日益凸显，信任的理所当然特征随之消失，逐渐成为学术界关注的重点议题（翟学伟[18]，2014）。通过分析总结国内外相关文献，本研究发现信任是一个相当复杂的多维度的抽象概念。虽然国内外存在大量关于信任的研究文献，但尚未形成统一的能覆盖不同层面的概念（冯炜[59]，2010）。信任存在于社会的方方面面，但在不同学科背景和文化环境的影响下，国内外学者对信任内涵的界定以及理解的角度存在较大的差异。因此，本节将分别从学科领域和文化背景两方面理解信任的内涵。

1）基于不同学科领域的信任内涵。信任，顾名思义，即为"相信并加以任用"的意思，信任包含的基本主体是信任者与被信任者，研究的主要内容是人与人、人与组织、组织与组织等以人为基本单位的不同主体之间的信任关系，具有"帮助人们在各种环境和场合中生存"的简化功能（郑也夫[60]，2000）。日常生活的各个角落都能看到信任的影子。社会交往中信任是人与人之间和谐相处的基础，商品交换中信任是交易顺利开展的前提，企业管理中信任是组织业务正常运行的保障：可以发现信任在各个领域的稳定发展中发挥着至关重要的作用。信任的重要性吸引了社会学、经济学、市场营销学、心理学等不同学科领域的学者针对信任问题展开研究，并结合各自研究领域的特点界定了信任的内涵。

在社会学领域，学者们一般认为信任是发生和存在于人际关系之中的，人际关系的形态决定了信任的状况（张康之[61]，2005）。社会学领域最早研究"信任"并下定义的是 Deutsch（1958），即为"他预期这件事会发生，并且根据这一预期做出相应行动，虽然他明白倘若此一事并未如预期般地出现，此一行动所可能带给他的坏处比如果此一事如期出现所可能带来的好处要大"[62]后来的研究学者们给出了多个定义。其中，比较有代表性的是1994年 Baier 在《信任的逻辑与局限》一书中给出的定义，即"接受对方有伤害我们的机会，但我们有信心认为对方不会做出此种行为"[63]。社会学家韦伯和福山结合中国文化就中国社会信任的问题提出了各自的观点，但他们均表示中国人以关系为基础的信任致使对陌生人较强的不信任和对熟人较强的信任，难以适应社会现代化发展的需求（韦伯[64]，1997；福山[65]，2001）。在经济学领域，信任被定义为"对于决策制定者将会产生对自己有利结果的信念"（Driscoll[66]，1978）。信任通常被放在组织的框架内作为员工对于组织决策是否满意的指标，组织中的信任被认为可促使员工更有生产力并有效率地在一起工作（Mayer[67]，1995），进而证明组织中信任的提升有助于促进微观经济组织的运行效率和宏观经济的增长。在营销学领域，信任是个体和组织间的一种关系状态（Zaltman[68]，1989），是在不确定和存在风险状态下（Hawes[69]，1989），消费者对销售人员可信赖的积极预期，认为销售人员会以消费者的长期利益作为行事准则（Crosby[70]，1990）。大量相关研究证实了建立消费者对销售人员的信任对于强化消费者与生产企业之间的关系起到了重要作用（Doney[71]，1997）。在心理学领域，信任被定义为一种心理状态，是对于个人或团体借助语言、口头表述或用书写做出的承诺给予正面期望（Rotter[72]，1967），并自愿接受脆弱性的意愿（Rousseau et al.[73]，1998）。

通过总结分析不同学者对信任内涵的界定，本研究发现即使在同一学科领域，学者们对信任内涵理解的视角也存在差别。基本可以分为以下几个方面：①从主观认知和预期的角度，信任被定义为"信仰"（Schurr[74]，1985）、"信赖"（Rotter[72]，1967）、"正面期望"（Rotter[72]，1967）、"信念"（Driscoll[66]，1978）、"主观概率"（Gambetta[75]，1988）、"行为满足"（Weitz[76]，1989）等；②从行为态度的角度，信任被定义为"放弃监控"（Mayer[67]，1995）、"自愿接受脆弱性"（Rousseau et al.[73]，1998）、"愿意承担"（Matthews et al.[77]，1979）等；③从认知和行为态度两者兼有的角度，信任被定义为"有信心依赖对方"（Moorman[78]，1993）、"一方不顾监督或控制另一方的能力，基于对另一方执行一项特定的且对于信任者来说很重要的行为的正面期望，而接受使自己相对于对方的行为变得易受攻击的意愿"（Mayer et al.[67]，1995）等；④从反馈的角度，个体的信任具有波动性和约束机制，一旦被信任方背叛信任方或没有达到信任方的预期，信任方极有可能收回对被信任方的信任（张宁等[79]，2011）。

2）基于不同文化背景的信任内涵。研究视角的不同导致同一学科领域内关于信任的内涵存在差异，但通过进一步研究可以发现，视角的不同仅会导致关于信任内涵界定的落脚点以及语言表述的差异，文化环境才是导致同一学科领域信任内涵存在差异的重要因素（翟学伟[18]，2014）。下面将从西方文化和东方文化两个角度理解信任的内涵。

从西方文化角度来看，在倡导个性自由和解放的西方国家，他们的思考方向是个人主义式的，更依赖自我和社会系统，他们对于个体社会性的基础假定是自我与他人的各种关系（翟学伟[18]，2014），他们对于信任含义理解的基础是自我，其中自我仅指单个个体。自我依赖的背景导致了社会中较强的人口流动性，在这种情况下，一个人所属的团体及团体内制度的规范性对于信任的建立就显得尤为重要。于是出现了根据职业群体或法人团体来区分形成的社团、俱乐部等组织，组织内部设立章程，整个社会也建立起相应的制度，以维护这些组织存在和运行（翟学伟[18]，2014），为社会中自我与他人之间信任的建立奠定了基础。随着社会现代化的发展，社会分工的不断细化，西方社会形成了相对稳定且完备的社会设施、社会安全以及社会保障系统，他们信任出现的问题是局部的、细节的，可以通过各个专业领域的研究进行修正（翟学伟[18]，2014）。因此，西方学者十分关注个体之间的信任、个体对组织的信任、组织之间的信任（克雷默等[80]，2003）以及信任与民主的关系（沃伦等[81]，2004）等相关主题。综合西方文献中关于信任的定义，大致可以归结为五方面，即：对他人善良所抱有的信念或一种健康的心理特质（Wrightsman et al.[82]，1974；Cummings et al.[83]，1996；Sabel et al.[84]，1993）、对他人特点的反应（Schoorman et al.[85]，1995；Mishra et al.[86]，1990；Mcknight et al.[87]，1998）、对他人行为的期待、一种有待证实的冒险行为以及对社会系统正常运作的某种期待。

从东方文化角度来看，在强调关系社会和差序格局的中国，我们的思考方向是家族主义式的，不同于西方社会假定人的生活具有自我依赖的倾向，中国人倾向假定人是相互依赖的（许烺光[17]，2002），更依赖可被自己利用的社会关系，即关系和人脉。我们对信任含义的理解是以关系为基础的（杨中芳[16]，1999），要求在自己有需要的时候可以依赖他人（翟学伟[18]，2014）。我们对于个体社会性的基础假定是自我不是一个独立个体，而是在可被自己利用的社会关系中寻求建立的"放心关系"。通过在关系中寻求不分彼此的自己人（杨宜音[88]，2003），可以将一部分他人划入自我的一部分（Markus et al.[89]，1991），也可以将他人只看作他人，因此，西方人划归为信任的部分有时不是中国人的信任地带，中国人的信任地带相对于西方人来说可能要更加外围一点（翟学伟[18]，2014）。一旦走出自我地带（即"放心关系"），人们对于他人的行为将会产生防范意识，并且在社会约束机制尚未完善的前提下，被信任者与信任者的"放心关系"越疏离，被信任的可能性也就越小。这也就解释了为什么中国改革开放之前信任被认为是理所当然的。在中国传统社会和计划经济时代，受客观因素（交通、信息等基础设施不完备、官僚体制顽固、科技水平落后等）和主观因素（家乡观念、家族荣辱观念、儒家文化熏陶）的影响，中国社会人口活动范围小，流动性弱，"放心关系"较小且固定化，处于"质疑地带"的社会关系相对透明化。改革开放之后，随着市场经济的深入发展，社会人口流动性大大增加，中国由"熟人社会"转变为"陌生人社会"，基于地缘和亲缘关系形成的社会关系逐渐瓦解，转变成了不可被利用的社会关系，在很大程度上缩小了"放心关系"的范围。市场经济背景下，人们由家庭主义价值观转变为个人主义价值观，尤其在城镇地区，社会化生产过程推动了社团、俱乐部等社会群体的形成，社会群体的正常运行依靠契约关系作为保障，但保证契约关系顺利执行的法律、制度、社团和职业伦理等约束机制未同步建立完善，导致消费者的产品信息获取、产品质量判断、维护自身权益等权利均受到了不同程度的阻碍，为部分利益导向的生产者实施欺诈行为创造了条件，山寨产品、食品欺诈、贪污腐败等事件接连发生，形成了信任危机。

东西方文化背景对比以及理论分析之后可以发现，中国人之间的信任是以关系为基础的，与国内外学者对于中国人之间的信任是建立在关系的基础之上的观点是基本一致的，但对于"放心关系"是否属于"信任地带"存在分歧。通过分析发现，一般是由于研究角度的不同导致"信任地带"划分出现差异。张康之（2005）基于历史发展的视角将信任的类型划分为习俗型信任、契约型信任以及合作型信任。习俗型信任即为仅存在于农业社会和熟人社会中的"放心关系"；随着工业化和现代化的发展，"熟人社会"逐渐转变为"陌生人社会"，契约型信任成了社会得以存续的支柱型力量；随着后工业社会制度设计和安排的完善稳定，人与人之间的关系呈现网络化特征，合作型信任便应运而生[61]。

（2）信任的维度与测量。要想验证理论分析中信任内涵分析的正确性，需要进行以数据为基础的实证研究进行验证。信任维度划分的标准以及测量量表的设计成为衡量评价信任的关键。关于信任维度的划分大体呈现从单一维度到多维度的发展趋势，但在早期的研究过程中发现，仅从单一维度对信任设计量表，其测量条款的内部一致性较低（Cook[90]，1980），导致信任测量结果与现实情况产生较大的偏差，说明信任更可能是多维的变量。因此，20 世纪 90 年代以来，多数学者更倾向在进行信任的测量评价之前根据其研究内容寻找合理的标准对信任进一步分类，在分类的基础上进一步设计测量量表。由于不同学者对信任内涵的理解以及研究对象存在差异，导致了信任维度划分和测量量表的多样性。

信任维度的分类标准主要包括以下几个方面。①从信任对象视角来看，吉登斯将信任划分为对他人的信任和对系统的信任两种类型（董才生[91]，2010）；Weber 提出信任可分为特殊信任和普遍信任两个维度（Weber[92]，1951），其中特殊信任即对制度的信任，普遍信任即对个人的信任。②从信任者视角来看，部分学者将信任划分为认知型信任和情感型信任（Johnson et al.[93]，1982；McAllister[94]，1995；Lee[95]，2002）；而 Lewicki（1995）提出信任应该划分为计算型信任、认同型信任和知识型信任[96]。③从被信任者视角来看，大多数学者从该视角对信任进行分类，主要包括二维、三维和四维三种分类方式：主张二维划分的观点中，Ganesan（1994）将信任划分为可信度和善意[97]，彭泗清等（1995）将信任划分为能力信任和人品信任[98]，Das 等（1998）将信任划分为能力信任和善意信任[99]，Farris 等（1973）则将信任划分为能力型信任和善意型信任[100]；主张三维划分的观点中，Rempel 等（1985）认为信任包括可预测性、可靠性和信念三个维度[101]，而 Mayer 等（1995）认为信任的三个维度应包括能力、善意和正直[67]；主张四维划分的观点中，许科（2002）利用探索性因子分析方法，结合中国家族主义价值观的文化背景将员工对管理者的信任划分为道德信任、行为信任、权威信任和关系信任四个维度[102]。④从相互关系视角来看，Lewicki 等（1995）将信任划分为计算性信任、了解/知识性信任和认同性信任[96]，Rousseau 等（1998）将信任划分为威慑型信任、计算型信任、关系型信任和制度型信任[73]。⑤从信任强度视角来看，Barney 等（1994）将信任划分为弱式信任、半强式信任和强式信任[103]，翟学伟（2003）将信任划分为强信任和弱信任[104]，郑伯壎等（1995）根据信任强度的发展过程将信任初步划分为人际信任、经济信任和深度人际信任三个维度[105]。

信任的测度主要通过根据信任维度设计测量量表的方式完成。在以信任者作为划分标准的信任测度研究中，McAllister（1995）基于对经理人员的研究设计开发的测量量表最为著名，该量表的普适性较强，很多学者引用该量表对员工的信任测度进行研究（Costigan et al.[106]，1998；Chowdhury[107]，2005）。该量表是基于认知和情感两个维度设计的，由 11 个测量条款组成，其中认知维度包括 6 个测量条款，内部一致性系数为 0.91，情感维度包括 5 个测量条款，内部一致性系数为 0.89，但该量表未进行消毒检验。在以被信任者作为划分标准的信任测度研究中，Farris 等（1973）开发的高管团队信任量表比较具有代表性[100]，该量表是在 Mayer 等（1995）的信任度的维度划分基础上改进开发的，Farris 等针对 Mayer 的量表进行因子分析后发现信任仅由能力型信任和善意型信任两个维度构成。在前文所述的其他三种信任维度作为划分标准的信任测度研究中，未见发展比较成熟的测量量表：以对象和强度作为标准对信任维度的划分，从根本上来说并未对信任的内涵和层次进行区分，因此不需要测量量表；在以相互关系作为信任划分标准的研究中，威慑型信任是否可作为信任的维度在学术界仍存在较大的争议，因此未见相应的信任测量量表。

2. 关于安全信任的研究

本书的研究对象是国产婴幼儿配方乳粉，具体来讲应该针对"国产婴幼儿配方乳粉的消费者安全信任"进行文献综述。但以国产婴幼儿配方乳粉消费者安全信任为研究主题的相关文献较少，在知网中以"婴幼儿配方乳粉"和"信任（安全信任）"为共同主题进行检索，仅出现 4 篇中文核心相关期刊，在 Web of Science 数据库中以"infant formula"和"trust"作为检索主题，仅发现 2 篇国外相关文献。因此，仅针对"国产婴幼儿配方乳粉的消费者安全信任"进行综述无法找到适合国产婴幼儿配方乳粉安全信任的研究理论和方法。由于婴幼儿配方乳粉属于食品范畴，本章此部分将针对消费者食品安全信任进行综述。

（1）食品安全内涵。2003 年联合国粮农组织（FAO）从消费者健康角度定义了"食品安全"，即"食品无害于消费者健康，无论是慢性的还是急性的危害"。在国内 2015 年修订的《食品安全法》中，从消费者健康和食品属性两个角度将"食品安全"界定为"食品无毒、无害，符合应当有的营养要求，对人体健康不造成任何急性、亚急性或者慢性危害"。

（2）消费者食品安全信任的内涵、维度。

1）消费者食品安全信任的内涵。消费者食品安全信任研究是对信任从一般领域到特殊领域的延伸，是信任在食品安全领域的具体表达，信任主体具体为消费者，受信主体具体为影响食品安全信任度的相关主体。由于消费者对食品安全形成信任危机的社会问题的出现，消费者食品安全信任问题受到广泛关注，多数学者关注危机形成原因、信任的量化、信任的影响因素、信任重建等问题，少有学者针对消费者食品安全信任的内涵进行研究。因此，与信任的内涵相同，消费者食品安全信任并未形成固定统一的概念。

现有的研究中，学者们主要从信任形成过程和信任结果两个角度界定消费者食品安全信任的内涵。从信任形成过程角度，王振（2018）提出消费者食物安全信任主要是"消费者认为食物生产和加工过程的信息真实可信，且认定这些信息能够保证食物满足自身的健康和营养需要而无伤害"[108]。这一概念虽然考虑了消费者对生产者信息可靠性的主观认知，但忽略了消费者对制度、零售商等食品安全相关主体的信任程度对消费者食品安全信任的影响。从信任结果角度，De Jonge et al.（2007）把消费者食品安全信任界定为"消费者认为食品是普遍安全的，其消费不会对人体身体健康和环境造成任何伤害的信念"[109]，这一概念仅指出了消费者实施食品安全信任行为的最终心理状态，忽略了对消费者实施行为过程中所考虑的影响因素的描述。

2）消费者食品安全信任的维度。消费者食品安全信任的相关研究大多以解决现实问题为目的，消费者食品安全信任的维度划分主要以具体的研究对象及其影响因素等为依据，未形成覆盖所有食品类别的规律性的划分依据，与信任的划分依据不甚相同，主要分为以下几个方面：①从单维度的视角，即不对消费者食品安全信任进行划分，仅利用一个问题（例：您是否信任国产乳制品的质量安全）衡量消费者食品安全信任度（李文瑛等[110]，2018；刘增金等[111]，2017）；②从信任结果的视角，De Jonge et al.（2007）将消费者食品安全信任划分为乐观主义和悲观主义两个维度[109]；③从被信任对象的视角，Krittinee et al.（2017）从政府信任、生产者信任和外国政府信任三个维度研究消费者信任对有机食品市场发展的影响，并通过探索性因子分析进一步将信任划分整合成个人信任和系统信任两个维度[14]，卢菲菲等（2010）从政府信任、企业信任、奶站信任以及奶农信任四个维度研究消费者对液态奶安全性信任的影响[112]。

与信任的测度方法相同，消费者食品安全信任的测度同样是通过根据消费者食品安全信任维度设计测量量表的方式完成。测量量表主要是在前人研究的基础上结合研究对象的特点改进开发的，单维度的消费者食品安全信任测量一般不需要开发量表，多维度测度时需结合研究对象寻找合适的可借鉴量表。从信任者认知和情感维度角度看，1995 年 McAllister 设计开发的量表引用率较高；从个体信任和系统信任的角度看，Krittinee et al.（2017）引用了 2010 年 Thøgersen et al. 开发的量表测度了消费者对有机食品的信任[14]。但多数学者未引用量表，仅从单维度进行食品安全信任的测度，导致测度结果偏差较大。

（三）关于国产婴幼儿配方乳粉购买行为的研究

通过查阅文献可以发现现有的研究中以国产婴幼儿配方乳粉购买行为为研究主题的文献较少。在知网中以"婴幼儿乳粉或婴幼儿配方乳粉"和"购买行为或行为"为研究主题进行检索，仅发现 4 篇中文核心期刊文献，在 Web of Science 数据库中以"infant formula"和"purchase behavior"为研究主题进行检索，未见相关外文文献，将"purchase behavior"替换为"purchase 或 consume"，仅发现 5 篇相关外文文献。仅以国产婴幼儿配方乳粉购买行为为主题进行文献综述，由于参考文献的数量十分有限，很难找到正确的研究理论和方法。本书的研究对象国产婴幼儿配方乳粉是在质量安全事件发生后消费者认为仍然存在安全隐患的食品，因此，本书将综述对象扩展为过去发生过质量安全事件或公众对产品真实性或安全性存在较大争议的食品。本部分将对消费者购买行为的内涵、类型、决策过程模型以及影响因素进行综述。

1. 消费者购买行为的内涵

购买是满足人类生活需求的最重要的途径之一，消费者购买行为广泛发生在人类社会生活的各个方面。消费者购买行为的含义并非仅指消费者最终是否购买某产品的行为结果，而是针对消费者购买行为过程的系统分析，具体是指消费者在确定产品需求后，针对自身产品购买动机广泛搜集了解不同产品信息，综合分析评估后在备选购买方案中选择最佳购买对象，以及消费后评价处置等一系列心理活动和行为活动的总和。

2. 消费者购买行为的类型

根据消费者实施购买行为时针对所需产品信息搜寻评估决策所投入的精力，美国学者 J. F. Engel 将消费者购买行为划分为全面问题型购买行为、有限问题型购买行为以及习惯型购买行为三个类型。

全面问题型购买行为是消费者产品涉入程度最高的购买行为类型，消费者在做出购买决策之前需要对产品信息全面搜寻、综合评估。通常消费者对所需购买产品的具体品牌及特性不太了解，消费者首先需要深入了解所购产品的具体属性及特点，结合自身购买动机建立产品选择的评价标准，通过不同渠道进行信息搜索，全面了解不同品牌的产品信息，将选购范围缩小到几个可供选择的品牌范围内，综合评估自身偏好、社会导向、产品可获得性等指标之后做出购买决策（图1-1）。

与全面问题型购买行为相比，有限问题型购买行为中消费者产品涉入程度偏低，消费者在做出购买决策之前仅需对特定问题进行深入了解、简单评估。通常消费者对该类所需产品拥有一定的消费经验，比较了解所购产品的具体属性及特点，已经形成一套产品选择的评价标准和基本产品品牌选择范围，消费者仅需根据自身产品偏好针对特定问题小范围进行信息搜索就可做出购买决策（图1-1）。

习惯型购买行为是消费者产品涉入程度最低的购买行为类型，消费者在做出购买决策之前基本不需要进行产品信息搜寻和评估。通常消费者对该类所需产品十分熟悉，并已根据自身偏好形成了比较固定的产品评价标准。因此，该类型购买行为可以进一步划分为忠诚型购买行为和随机型购买行为。忠诚型购买行为类型中，通常消费者所需产品在市场中差异化程度较高，在重复购买后消费者找到与自身偏好最契合的产品品牌，在该产品品牌未发生重大改变的情况下消费者一般会选择无限次回购，其他产品品牌很难改变消费者决策。与忠诚型购买行为相反，随机型购买行为类型中通常消费者所需产品的市场同质化程度较高，市场状态近似完全竞争市场，市场中大部分产品品牌都能够满足消费者需求（图1-1）。

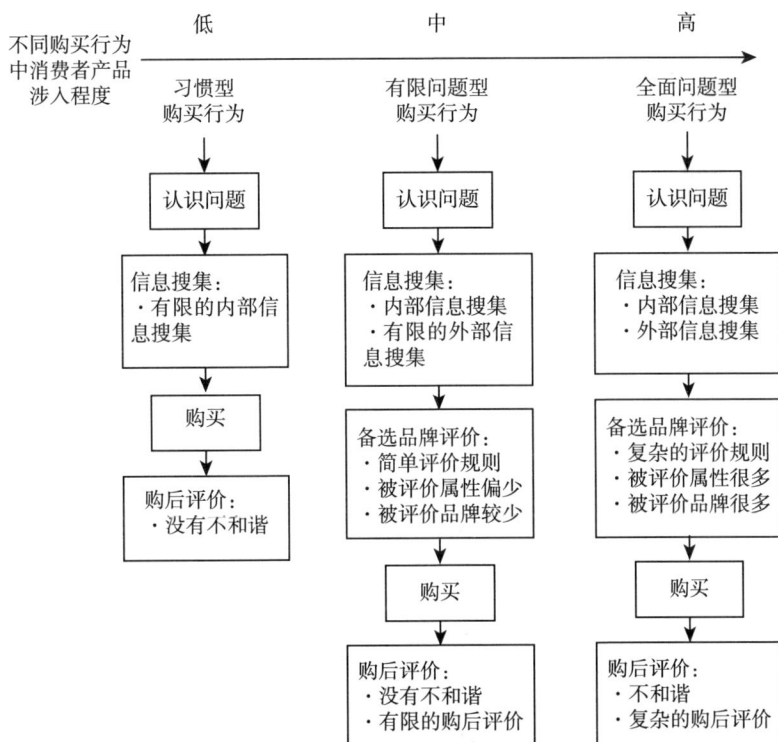

图 1-1 不同购买行为类型的消费者决策过程

以上三种购买行为类型并非独立存在的。一般情况下，消费者在初次购买某类产品时实施的属于全面问题型购买行为，随着购买次数的增多逐渐过渡到有限问题型购买行为，所购产品类型决定最终成为忠诚型购买行为或是随机型购买行为。

3. 消费者购买行为的决策过程模型

基于消费者购买行为的决策过程，国内外学者分别从行为过程的整体和局部视角构建了理论研究模型，其中部分学者将行为过程各阶段与其影响因素结合起来构建了理论模型。

（1）整体视角的购买行为理论模型。美国心理与行为学家霍金斯提出的消费决策过程模型（consumer decision process model）是从消费者内部因素的视角构建消费者购买行为的核心路径，主要包括动机驱使、搜集资料、购买决策、购后评价和处置四个阶段（刘华等[19]，2013）。阿姆斯特朗（2004）在霍金斯消费决策过程模型的基础上增加了"消费者分析产品信息，比较评估可选择产品"的心理过程，主要包括确认需求、信息搜寻、产品评估、做出决策以及购后评价五个循序渐进的阶段[113]（图1-2）。第一，确认需求。消费者在受到内部（消费经验、消费动机等）或外部环境（企业营销、政策引导等）的刺激之后，会对某种产品或服务产生需求。第二，信息搜寻。消费者信息搜寻可以分为内部信息搜寻和外部信息搜寻两部分，内部信息搜寻主要是指消费者结合自身产品认知和购买经验建立产品评价标准，形成对各品牌产品的初步印象，外部信息搜寻是指消费者通过亲密人际关系（亲戚、朋友等）、社会组织（网络社交群、媒体舆论、企业公开信息、专家学者等）、政府公开（政府监管信息公布、政府辟谣等）等信息来源获得产品质量、安全、价格等相关信息。习惯型购买行为一般仅进行消费者内部信息搜寻，全面问题型购买行为一般需要内部和外部信息搜寻相结合，且主要依靠外部信息搜寻。第三，产品评估。根据搜寻的产品相关信息，消费者会形成该产品的品牌集合，为了保证产品购买效用最大化，消费者在心里会自动对自身对于每一种产品属性需求按照重要程度进行打分排序，结合产品相关信息对每一种品牌的产品形成主观评价。通过产品评估，消费者可以结合自身需求以及限制条件综合评价挑选适合自己的产品，最终形成对某一特定产品的购买意愿。第四，做出决策。做出决策的阶段主要是消费者考虑如何利用可使用资源将自己对于某产品的购买意愿转化为购买行为，决策具体内容包括购买者、购买时间、购买地点、购买对象、购买目的、购买数量等方面。决策阶段主要会受到社会期望和意外事件两方面的影响。社会期望主要是指其他人对于该购买决策的看法，在中国"关系社会"的文化背景下，大多数人十分看重他人对于自己行为的看法，很可能会因为他人的反对而改变之前的购买决策；意外事件主要是指消费者自身条件的突变或者其他品牌产品价格等方面的变化导致商品不可获得。第五，购后评价。产品购后评价为消费者积累了该产品的购买经验，在很大程度上影响消费者购后处置行为。消费者在使用产品或服务之后，会将产品消费体验与购前心理预期进行比较，若达到或超过预期，一般情况下消费者会选择回购；若未达到心理预期，甚至相差很远，该产品将被拉入黑名单，尤其像药品、包括婴幼儿配方乳粉在内的食品等信任属性较强的产品，未达到消费者的心理预期将会极大地影响企业的声誉。

确认需求 → 信息搜寻 → 产品评估 → 做出决策 → 购后评价

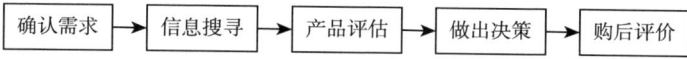

图 1 - 2 消费者购买行为模型（阿姆斯特朗，2004）

罗格 D. 布莱克韦尔在《消费者行为学》一书中将购买行为五阶段模型扩展到了七阶段，增加了"产品消费"和"处置"两个阶段，Blackwell（2009）同样将消费者购买行为过程划分为与罗格 D. 布莱克韦尔相同的七阶段，并将购买行为各阶段与购买行为影响因素相结合构建了消费者购买行为模型。Blackwell 将购买行为的影响因素分为了环境影响（文化、情境等）和个体差异（消费者资源、生活方式等）两方面，指出环境因素主要影响消费者购买行为过程的前三阶段，即确认需求、信息搜寻与产品评估，个体差异主要影响消费者购买行为过程的确认需求、购买决策、产品消费三阶段，同时环境因素在个体差异与确认需求之间的关系中起到调节作用（图 1 - 3）。

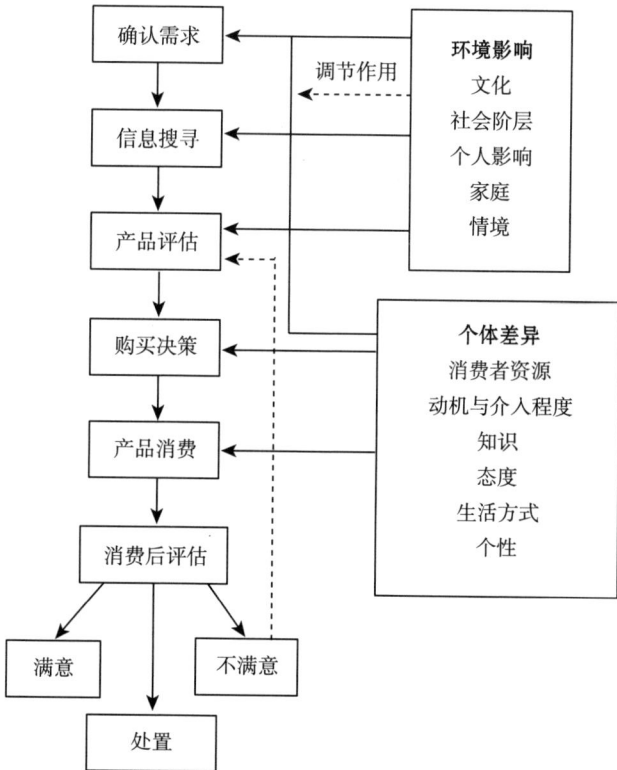

图 1 - 3 消费者购买行为模型（Blackwell，2009）

（2）局部视角的购买行为理论模型。

1）霍华德-谢思模式。霍华德-谢思模式着重探讨了消费者购买行为过程中心理活动变化对购买决策的影响。20世纪60年代霍华德首次提出该分析模式，与谢思合作修改之后出版了《购买行为理论》专著。霍华德-谢思模式是在"刺激-反应"概念的基础上提出的，主要是从刺激因素、外在因素、内在因素、反应因素四方面探讨消费者购买行为的决策过程，核心内容是研究刺激因素和外在因素如何影响消费者心理活动过程并形成购买决策。刺激因素包括产品实质刺激、符号刺激、社会刺激等，外在因素包括购买的重要性、社会阶层、时间压力等，刺激因素和外在因素唤醒消费者需求，使其产生购买动机（图1-4）。霍华德-谢思模式虽然注意到了消费者心理活动对购买决策的重要影响，但对于消费者心理活动过程的梳理分析深度不够，变量之间的关系解释比较模糊，导致实际应用难度较大。

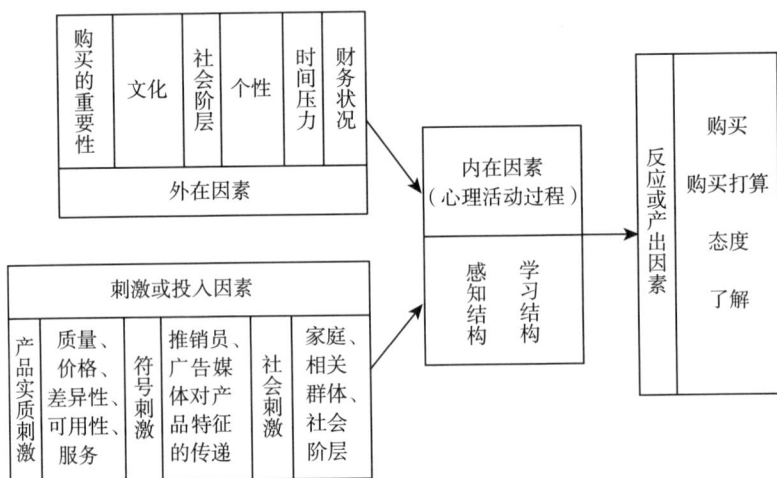

图1-4　霍华德-谢思模式

2）计划行为理论。计划行为理论从人类心理活动角度深入分析了人是如何改变自己的行为模式的。1985年Ajzen首次提出计划行为理论（Theory of Planned Behavior，TPB），并在之后不断地修改完善（Ajzen[114]，1991；Ajzen[115]，2006）。该理论是在1963年Fishbein提出的多属性态度理论（Theory of Multiattribute Attitude，TMA）和1975年Fishbein和Ajzen提出的理性行为理论（Theory of Reasoned Action，TRA）的基础上修正扩展而来的。

多属性态度理论主要讨论了态度的形成过程，提出人们对某事物的态度由对该事物各项属性的信念及其重要性权重决定，讨论了结果评估、行为态度、行为意图与实际行为之间的关系。但在多属性态度理论的实际应用过程中，经常会出现态度和行为之间缺乏一致性的现象。在此基础上，相对完善的行为预测方法——理性行为理论被提出。理性行为理论解释了态度与行为意图如何对个体行为产生影响，并提出主观规范也会影响行为意图。该理论认为，人类行为是理性的并在意志控制范围内，人们在行动之前会收集各项信息，权衡行为各属性及其重要性带来的影响，综合评判是否实施行为。意图是行为的最佳的预测因素，是为了实施某项行为，人们计划付出努力的意愿，直接作用于行为。有两个因素作用于意图：行为态度和主观规范。行为态度是指人们对实施某项行为的正面或负面的评价。主观规范是指人们实施某项行为的社会压力感知。对个体而言，主观规范主要来源于重要参考群体（例如家人和朋友）对其是否实施某项行为的期望。行为态度和主观规范通过意图间接作用于行为（图 1-5）。虽然理性行为理论提出主观规范也会影响行为意图，但该理论的假说前提是个体实际行为完全可以被意志所控制。但在现实生活中，人类的行为不能完全被意志所支配，这一现象促进了计划行为理论的提出。

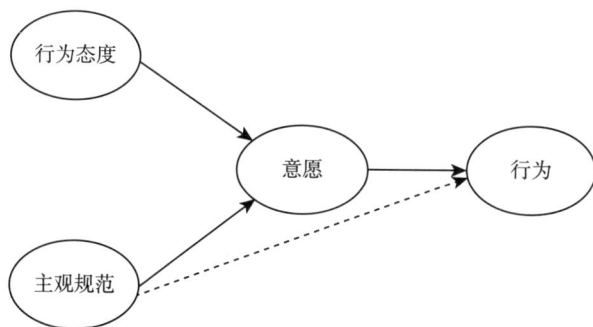

图 1-5 理性行为理论模型

计划行为理论是理性行为理论模型的延伸，在理性行为理论的基础上引入了新的变量——感知行为控制。由于在大多数的情况下，人们的行为会受到很多非主观因素的限制，可以分为内部因素（个人能力等）和外部因素

（社会环境等）。在受到内部因素和外部因素限制的情况下，人们无法顺利地实施行为，进而导致意图在很多情况下无法比较准确地预测行为，所以需要在理性行为理论中增加感知行为控制变量，构建计划行为理论。计划行为理论提出行为主要受到行为态度、主观规范、感知行为控制以及行为意图四大因素的影响。行为态度是个体对行为积极或消极的主观评价，主观规范是个体在思考是否实施某项行为时所感受到的社会压力，感知行为控制是个体实施某一行为时感受到的预期阻碍。该理论系统阐释了各变量之间的关系，主要包括：①行为态度、主观规范、感知行为控制均对行为意愿产生正向影响；②实际行为受到行为意愿的直接控制，但当消费者感受到实际行为执行过程中受到无法逾越的阻碍时，实际行为也不会发生，即感知行为控制也会对行为产生直接影响（图1-6）。计划行为理论虽然未包含外在因素和刺激因素，但其明确提出了受到外在因素和刺激因素影响时个体心理活动的变化过程、各变量之间的相互关系，以及行为的形成机理。因此，该理论被广泛应用到食品消费、网络消费等多个领域的消费者选择行为研究当中（Chen[116]，2007；Yadav et al.[117]，2016；罗丞[118]，2010；何学松等[119]，2018；盛光华等[120]，2019）。

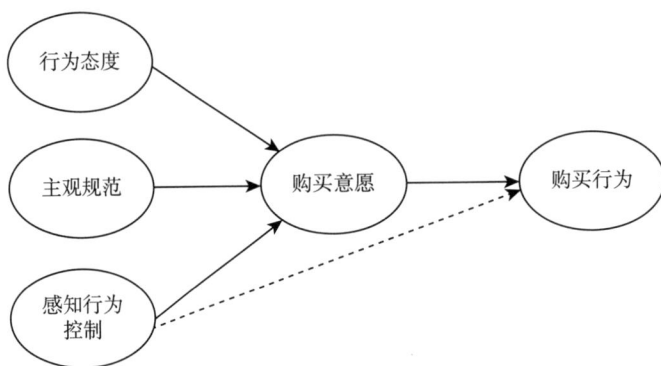

图1-6 计划行为理论模型（Ajzen，1991）

4. 购买行为影响因素的相关研究

虽然本文的研究主题是安全信任对购买行为的影响机理，但系统梳理总结购买行为的影响因素，便于后文开展对安全信任与其他影响因素之间关系的研究，厘清安全信任影响购买行为的不同路径。

国内外学者从不同的视角提出了消费者购买行为影响因素的理论，主要包括两因素论、三因素论和四因素论。两因素论从消费者内部因素和外部因素两方面探讨了购买行为的影响因素，内部因素包括消费者人口统计特征因素（收入、年龄等）和心理因素（认知、态度、动机等），外部因素包括文化环境、经济环境、营销环境等（Assel[121]，2004；卢泰宏等[122]，2005）。三因素论把"营销环境"因素从消费者外部因素中分离出来，将购买行为影响因素分为个人因素、营销因素和外部环境因素，在个人因素中增加了行为因素（消费者正在进行的或已经发生的行为所产生的影响）。科特勒提出的四因素论将消费者内部和外部因素进一步分类，包括人口特征因素、心理因素、文化因素和社会因素。

综合考虑本书研究对象范围及应用理论，本章此部分将从人口统计特征、心理因素和文化因素三方面对消费者食品购买行为影响的相关研究进行综述。本研究认为消费者进行购买行为时所处的营销环境、社会阶层分别由消费者的人口统计特征因素所决定，即生活地区和生活水平。本文研究对象范围设定在中国市场，中国境内不同地区消费者的文化背景差异不大，可以应用同一套理论模型研究消费者购买行为影响因素。但由于本书准备以计划行为理论为基础构建理论研究模型，而计划行为理论是美国经济学家 Ajzen 在西方文化背景下提出的，因此需要进一步分析中国文化背景对消费者购买行为的影响，对传统计划行为理论进行修正，以期提高该模型对中国消费者购买行为的解释力。

（1）人口统计特征对消费者食品购买行为影响的相关研究。现有研究针对性别、年龄、居住地、生活水平、受教育程度等人口统计特征与消费者食品购买行为的关系进行了比较全面的研究。不同学者在关于性别、年龄、受教育水平等指标与购买行为的关系研究中所持观点存在差异，主要是受到研究对象、样本选取、理论模型、研究方法等方面差异的影响。戴迎春等（2006）运用二元 Logit 回归分析证明南京市消费者有机蔬菜的购买行为受到年龄和受教育程度的显著影响，而性别对购买行为的影响不显著[123]；周应恒等（2008）基于上海市家乐福超市消费者对加贴信息标签可追溯牛肉购买行为的相关数据，运用交叉分析法和 Logistic 模型得出性别、婚姻状况、家庭规模、职业和年龄显著影响消费者购买行为[124]；于海龙等（2012）以北京市消费者为调查对象运用 Logit 回归模型得出了收入、家中小孩数、性别是婴幼儿配方乳粉品牌购买行为的主要影响因素[55]；而 Krystallis（2005）提出消费者人口统计特征变量对希腊消费者各类别有机食品支付意愿的影响均不显著[125]。生活水平主要通过消费者收入、家庭人口结构、消费者及其家人身体健康情况等指标进行衡量，学者衡量指标选取的差异导致研究结论的不同。杨楠（2015）仅选取家庭年收入作为生活水平的衡量指标，对西安、武汉、郑州、南京四个城市的消费者有机食品购买行为进行问卷调查，通过因子分析法和二元 Logistic 模型数据分析后发现家庭年收入对消费者购买行为影响不显著[126]；而刘增金等（2017）将收入水平、消费比重作为衡量指标后，运用 Probit 模型证明了收入水平显著影响了北京市、西安市消费者可追溯猪肉的购买行为[111]。居住地的差异导致实施购买行为时不同消费者周围的营销环境和所处的社会阶层有差别，因此通过将消费者生活区域作为调节指标即可证明营销环境和社会阶层对消费者购买行为的影响。张振等（2014）通过问卷调研了北京市区和周边乡镇消费者的品牌猪肉购买行为，运用 Probit 模型分析证明了猪肉市场的负面新闻仅对城市消费者的猪肉购买行为产生影响[127]；Menozzi et al.（2015）基于计划行为理论运用结构方程模型探究了法国和意大利消费者可追溯食品购买意图影响因素的差异性[128]。

（2）心理因素对消费者食品购买行为影响的相关研究。消费者心理因素对购买行为的影响是指，消费者在接收外部信息刺激后结合自身需求偏好综合评估备选产品并做出决策的过程。影响消费者食品购买行为的心理因素主要包括计划行为理论中各变量（Chen[116]，2007；Menozzi et al.[128]，2015；Yadav et al.[117]，2016；罗丞[118]，2010；盛光华等[120]，2019）、认知（Krystallis et al.[129]，2008；McKinnon et al.[130]，2014；Wang et al.[131]，2019；Vecchione et al.[27]，2015；Wunderlich et al.[132]，2018；Hidalgo-Baz et al.[133]，2017；Lee et al.[134]，2015；周洁红[135]，2005；姜百臣等[136]，2017）、感知风险（Yeung et al.[137]，2010；Lee et al.[134]，2015；张应语等[138]，2015；薛永基等[139]，2016；崔登峰等[140]，2018）等。随着计划行为理论的逐步成熟，多数学者会结合论文研究对象将相关变量引入计划行为理论中，构建理论研究模型进行实证分析，而非简单套用。多数学者将多个心理因素变量进行理论融合构建购买行为的理论研究框架。Yadav et al.（2016）结合消费者有机食品购买意图的心理特征，将道德态度、健康意识以及环境关注变量纳入计划行为理论中，运用结构方程模型分析了年轻消费者有机食品购买意图的影响因素[117]。Wang et al.（2019）将消费者认知作为行为态度、主观规范以及感知行为控制与购买意愿关系中的调节变量，运用结构方程模型研究了坦桑尼亚消费者有机食品购买意图[131]。薛永基等（2016）将感知价值和预期后悔变量融入计划行为理论模型中，运用结构方程模型研究了消费者绿色食品购买意向[139]。

（3）文化背景对消费者食品购买行为影响的相关研究。德尔·霍金斯认为文化影响着人类一切心理和行为活动，人类欲望和动机的形成最根本的影响因素是文化（科特勒[141]，2001）。作为社会经济生活不可或缺的部分，消费者购买行为必然受到文化背景的深刻影响。在不同的文化环境下，人类形成了不同的消费习惯和观念。即使在同一文化环境下，人们的消费习惯和观念也存在明显差异，但每个人的消费行为均受到特定文化环境下形成的社会规范的约束。在儒家文化的长期熏陶、沉淀的过程中，中国逐渐形成了一套适用于中国社会情境的稳定的消费行为规范，很多学者针对中国文化情境下形成的社会规范展开研究。

在美国社会经济发展过程中，经济学家提出了一系列消费者行为理论，如多属性态度理论、理性行为理论、计划行为理论等。当中国学者将西方理论套用到中国社会问题上时，出现了很多不匹配现象，这是由于文化背景差异，同样的理论应用到中国社会后解释和预测能力大幅下降。在家族主义价值观的影响下，中国人群体意识较强，社会生活中注重并依赖与他人的关系，关系导向主要由尊重权威、相互依赖、群体导向和面子四方面构成（Yau et al.[142]，1988）。李东进等（2009）将中国社会中人的关系由四方面归纳为注重面子和群体导向两方面，认为虽然在不同文化背景下的社会中均存在注重面子和群体导向的关系特点，但在中国尤为明显。他们根据中国社会关系特点修正了美国经济学家 Fishbein 提出的理性行为理论，构建了中国文化背景下消费者购买意向模型。如图 1-7 所示，该理论框架将理性行为理论中影响消费者行为意图的"主观规范"替换成了"面子意识"和"群体一致性"，并利用天津市消费者手机品牌购买意向验证了修正后计划行为理论的解释力[29]。该修正后的理论在之后的学者研究成果中得到了较广泛的验证、应用、推广（Qi et al.[25]，2019；何小洲等[30]，2014；郑玉香等[31]，2009），Qi et al.（2019）验证了修正后的 Fishbein 理性行为模型对于中国青岛消费者绿色食品购买意愿的预测能力更强[25]。另外，也有部分学者根据其研究对象建立了不同的理论框架，劳可夫等（2015）在中国传统文化价值观的背景下探究了依存型自我建构对消费者绿色产品购买行为的影响机理[143]。

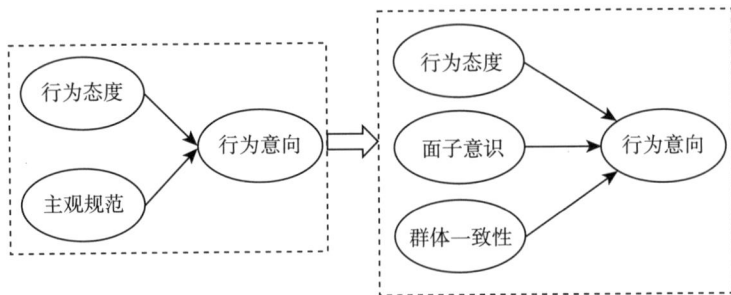

图 1-7　修正后的理性行为理论模型（李东进等，2009）

（四）关于安全信任对婴幼儿配方乳粉购买行为影响的研究

信任对消费者购买行为的重要影响已经被大量的国内外相关研究证实，尤其是在食品安全领域（Krittinee et al.[14]，2017；袁晓辉等[144]，2021；Hoque et al.[145]，2018；Giampietri et al.[146]，2018；罗丞[147]，2013；夏晓平等[148]，2011）。虽然安全信任对于消费者购买行为的解释和预测发挥了重要的作用，但此研究课题于近几年才逐渐被国内外学者重视并研究。早前，多数学者仅将信任作为购买行为影响因素的一个指标（周应恒等[124]，2008；马龙龙[149]，2011；刘华等[19]，2013），对于信任测度、信任与购买行为的关系的研究相对比较粗浅。随着食品安全的社会问题逐渐显露，学者们才将信任作为重要影响因素，研究其与消费者购买行为之间的关系，相关研究主要可划分为以下两种类型。

第一种类型是忽略购买行为的各个影响因素之间的相关性，运用二元 Logit 模型探究信任对购买行为的作用大小。夏晓平等（2011）探究了消费者品牌信任对内蒙古地区消费者品牌羊肉购买行为的影响[148]；唐步龙等

（2019）将消费者对政府信任度作为食品安全认知程度的测量维度，探讨了认证信任对消费者果蔬购买行为的影响[150]。此类研究大多仅通过单一维度对信任进行测度，增加了研究误差。

第二种类型是通过探究各变量之间的作用关系构建理论研究模型，运用结构方程模型或多元回归分析探究信任对购买行为的影响机理。此类研究大多从多维度测度消费者信任，在一定程度上减少了测量误差。张应语等（2015）将信任纳入到风险收益理论分析框架，构建了 O2O 模式下消费者购买生鲜农产品意愿的概念框架，从消费者对第三方机构、他人评价以及网站本身的信任程度测度了消费者信任度，运用结构方程模型证明了消费者信任不仅对购买意愿有直接影响，而且会通过感知风险和感知收益两个中介变量间接影响消费者意图[138]。Krittinee et al.（2017）将信任融入计划行为理论模型中构建了消费者绿色食品消费行为理论研究模型，从系统信任、个人信任以及进口产品信任三个维度测量了消费者信任，运用多元回归分析和逐步回归分析进行数据分析后发现：①进口产品信任通过显著负向影响消费者对本国绿色食品的态度间接影响消费者对他国绿色食品的购买行为；②进口产品信任对消费者绿色食品购买行为的直接影响最大，其次是系统信任，直接影响最小的是个人信任[14]。

（五）关于婴幼儿配方乳粉与普通食品之间差异的研究

前文主要针对消费者食品安全信任和购买行为进行了综述，为了后文能够针对国产婴幼儿配方乳粉产品特性构建更准确的理论模型，提出有针对性的研究假说，此部分将结合国内外相关文献，在分析婴幼儿配方乳粉与普通食品购买行为及影响因素的差异的基础上，总结婴幼儿配方乳粉安全信任和购买行为的特征。

1. 婴幼儿配方乳粉与普通食品购买行为及影响因素的差异

消费者实施商品购买行为的过程是比较复杂的，受到商品特性、消费者群体以及外部环境的影响，不同商品的消费者购买行为之间存在较大的差异。为了进一步了解婴幼儿配方乳粉与普通食品相比在安全信任和购买行为两方面的特异性，将分别从婴幼儿配方乳粉和普通食品的购买行为以及购买行为的影响因素两方面进行差异对比。

（1）婴幼儿配方乳粉与普通食品购买行为的差异。购买行为方面，根据前文介绍的美国心理与行为学家霍金斯提出的消费决策过程模型，分析了婴幼儿配方乳粉与普通食品购买行为之间的差异（表1-1），消费决策过程模型将消费者的购买行为过程主要分为了动机驱使→搜集资料→购买决策→购后评价以及处置四个阶段。动机驱使方面，消费者购买普通食品的动机具有多样性，大致可以分为身体发育、口味需求、面子需求等方面。而婴幼儿配方乳粉消费者的购买动机相对单一，主要是为了满足婴幼儿身体发育所需要的营养。搜集资料方面，大多数普通食品的消费者在做出购买决策之前并不注重产品信息的搜集，消费者对产品信息的关注度较低，风险感知较低，信任度比较稳定，即使出现产品危机也相对容易恢复。而大多数婴幼儿配方乳粉消费者在做出购买决策之前会进行比较完备的产品信息搜集，消费者对产品信息的关注度高，产品质量安全的风险感知极高，产品信息的认知差异大且不稳定，并且一旦出现产品质量安全危机，消费者信任极难恢复。购买决策方面，普通食品消费者的购买决策易受非产品安全因素的影响，比如产品价格、购买便利度、社会舆论等。而婴幼儿配方乳粉消费者的购买决策相对不易受非产品安全因素的影响，但不同消费者群体之间也存在差异。购后评价

表1-1　普通食品与婴幼儿配方乳粉购买行为的差异比较

行为阶段	普通食品	婴幼儿配方乳粉
动机驱使	满足自身生理、身体发育、口味、愉悦等需求	满足婴幼儿身体健康发育所需要的营养
搜集资料	A. 产品信息关注度较低，了解程度有限； B. 产品质量安全风险感知较低； C. 消费者信任度比较稳定，危机相对容易恢复	A. 产品信息关注度高，了解程度有限； B. 产品质量安全风险感知极高； C. 产品信息认知，受亲友推荐、媒体舆论等非专业渠道影响，不同消费者之间产品认知差异大，容易出现非理性情况； D. 消费者信任脆弱，容易出现大幅波动，一旦出现危机极难恢复
购买决策	决策易受产品价格、购买便利度、社会舆论等非产品安全因素的影响	决策相对不易受非产品安全因素的影响，但不同消费者群体之间存在差异
购后评价以及处置	买后产品安全感知比较准确；若购后未满足需求消费者可能会二次购买	买后产品安全感知比较模糊且滞后；若购后未满足需求消费者二次购买的可能性极低

资料来源：结合相关资料整理得出。

以及处置方面，普通食品的消费者即为食用者，因此普通食品的消费者对食品的安全感知比较准确，即使该食品的买后感知未满足消费者需求，消费者仍然可能回购。但婴幼儿配方乳粉的购买者和食用者不统一，婴幼儿配方乳粉的食用者是婴幼儿，购买者是婴幼儿父母、祖父母等关系最亲密的人。由于婴幼儿的语言表达能力尚未发育健全，购买者无法及时准确地了解婴幼儿食用婴幼儿配方乳粉后的感受，只能通过观察婴幼儿的行为表现判断产品安全性，因此消费者对婴幼儿配方乳粉的买后产品安全感知比较模糊。另外，一旦消费者发现婴幼儿在食用产品后发生质量安全问题，回购同一产品的可能性极低。

（2）婴幼儿配方乳粉与普通食品之间购买行为影响因素的差异。购买行为的影响因素方面，从产品本身、消费者内部因素和外部因素三个角度分析了婴幼儿配方乳粉与普通食品购买行为影响因素之间的差异（表1-2）。产品本身方面，本研究从商品属性、消费对象、消费频率、信任属性以及产品安全敏感度五个方面对比了普通食品和婴幼儿配方乳粉的商品特性。消费者内部因素方面，本研究主要对比普通食品和婴幼儿配方乳粉的目标群体，普通食品的目标群体特征和规模具有较强的可变性，而婴幼儿配方乳粉的目标群体特征及规模相对固定化。消费者外部因素方面，本研究主要从政策环境和营销环境两个方面进行了比较，政府对普通食品的质量安全管控比起对婴

表1-2 普通食品与婴幼儿配方乳粉购买行为影响因素的差异比较

研究焦点		普通食品	婴幼儿配方乳粉
产品本身	商品属性	食品生产专业化程度较低	医药领域的专业消费品
	消费对象	购买者与食用者基本统一	购买者与食用者绝对分离
	消费频率	消费周期长，食用时间分散	消费周期短，食用时间集中
	信任属性	信任品属性相对较低	信任品属性极高
	产品安全敏感度	相对较低	极高
消费者内部因素	目标群体	目标群体特征及规模具有可变性，群体特征相对差异较小	目标群体特征及规模比较固定化，群体特征相对差异较大
消费者外部因素	政策环境	政府质量安全管控相对宽松	政府质量安全管控十分严格
	营销环境	不同区域营销环境差异大	不同区域营销环境差异大

资料来源：结合相关资料整理得出。

幼儿配方乳粉的更加宽松，而普通食品和婴幼儿配方乳粉在不同区域的营销环境差异都比较大。

2. 婴幼儿配方乳粉消费者安全信任的主要特征

通过分析总结普通食品与婴幼儿配方乳粉购买行为及影响因素之间的差异，本研究发现，与普通食品相比，婴幼儿配方乳粉的消费者安全信任在形成原因、修复难度以及群体一致性方面存在差异。结合相关文献，本研究总结了婴幼儿配方乳粉消费者安全信任的主要特征。

（1）对政府、生产企业信任的缺失是国产婴幼儿配方乳粉安全信任危机形成的主要原因。婴幼儿配方乳粉是医药领域的专业消费品（刘华等[19]，2013），理论上该领域的产品安全应得到政府监管部门的绝对保证。2008年三鹿奶粉事件导致消费者对于国产婴幼儿配方乳粉的信任跌至谷底。危机事件后，政府加大了对国产婴幼儿配方乳粉安全的监管力度，但2010年圣元"性早熟"、2012年黄山"黄曲霉素"、2012年伊利"汞含量超标"等一系列安全事件不断刺激着消费者对国产婴幼儿配方乳粉尚未恢复的安全信任（蔺雨浓等[151]，2017）。长期以来，消费者对政府监管部门和生产企业产生了严重的不信任，形成了国产婴幼儿配方乳粉安全信任危机。

（2）安全信任体系易崩塌，且难以修复。婴幼儿配方乳粉产品安全的重要性致使消费者对产品安全问题敏感度极高，对特定产品的安全信任极其敏感脆弱。消费者特别关注婴幼儿配方乳粉产品安全的相关信息，易受亲朋好友、网络舆论等非正规渠道负面信息的影响，对于负面信息基本秉持着"宁可信其有，不可信其无"的态度，理性分析辨别信息真伪的能力大幅下降。一旦消费者对于某产品有了不良消费经历（杜欣蔚[152]，2019），之前建立的安全信任体系将完全崩塌，为了保证对婴幼儿的"零伤害"，消费者基本不会回购该产品，安全信任难以修复。

（3）消费者对国产婴幼儿配方乳粉的安全信任存在差异。受家庭主义价值观的影响，中国消费者在搜寻婴幼儿配方乳粉产品安全信息时主要依赖社会关系，通过寻求"放心关系"的意见对市场中各类婴幼儿配方乳粉的产品安全性做出判断，因此，社会关系成为婴幼儿配方乳粉安全信任的主要影响因素。在同一生活水平、相同消费习惯的消费者群体中，"放心关系"中购买国产婴幼儿配方乳粉的比重越大，消费者对国产婴幼儿配方乳粉安全信任的程度可能也会随之提高，选购国产婴幼儿配方乳粉的可能性也就越大。

3. 婴幼儿配方乳粉消费者购买行为的主要特征

通过分析总结普通食品与婴幼儿配方乳粉购买行为及影响因素之间的差异，本研究发现，同一个因素可能会对普通食品和婴幼儿配方乳粉的购买行为产生不同的影响。结合相关文献，本研究总结了婴幼儿配方乳粉消费者购买行为的主要特征。

（1）购买行为受产品价格条件限制较小。与普通食品不同，婴幼儿配方乳粉的食用者基本是0～3岁的婴幼儿，由于购买者与食用者分离，其产品安全性辨别具有模糊性和滞后性，同时其安全性将对婴幼儿的身体健康发育产生深远的影响，因此，消费者对婴幼儿配方乳粉的安全问题持"零容忍"的态度。考虑到产品需求时间短暂以及产品安全的重要性，即使在整个消费时段购买超过家庭平均消费能力的产品也不会对家庭经济状况造成巨大的影响，多数消费者将会在其消费能力的最大限度内购买其认为安全性最高的产品，而不会过多考虑产品价格因素，甚至持有"高端即为优质"的非理性消费理念（杜欣蔚[152]，2019；潘伟平[153]，2018）。中国婴幼儿配方乳粉高端、超高端产品市场的迅速发展在一定程度上说明了部分消费者将高端产品当做了产品安全的保障（韩磊等[154]，2019）。

（2）亲朋推荐对消费者购买行为产生重要影响（Kendall et al.[155]，2019）。在家庭主义价值观的背景下，中国人的信任是以"关系"为基础的，对不同主体的信任程度随着关系的亲密程度逐渐递减。消费者做出购买决策之前需搜集相关产品信息，信息来源主要包括政府、生产企业、媒体、亲友等。信任危机的形成加剧了消费者对于政府、生产企业、媒体等非亲密关系主体的不信任（霍晓娜[156]，2016），而对亲朋好友（即"放心关系"）的推荐信息采纳度更高。

（3）不同群体消费者对国产婴幼儿配方乳粉的产品安全认知存在明显差异。营销环境和人口统计特征是造成消费者认知偏差的主要因素。从营销环境来看，在不同地区，国产婴幼儿配方乳粉市场营销力度存在较大差异，一、二线城市中进口婴幼儿配方乳粉具有绝对优势，国产婴幼儿配方乳粉难以跻身，营销空间较小。国产婴幼儿配方乳粉的营销主场集中在三、四线城市及农村市场，致使三、四线城市及农村消费者较一、二线城市消费者对国产婴幼儿配方乳粉形成了更加深刻准确的认知。从人口统计特征来看，消费习惯和生活水平是影响消费者对国产婴幼儿配方乳粉认知的主要因素。生活水平较高、习惯高消费的消费者可能不会花费时间精力判别国产婴幼儿配方乳粉的安全性，直接选购社会认可度较高的进口婴幼儿配方乳粉，但该消费者并不充分了解国产婴幼儿配方乳粉的相关安全风险（Kendall et al.[155]，2019）。生活水平较高、习惯节俭消费或者生活水平较低的消费者更可能在深入了解国产婴幼儿配方乳粉的安全性之后，选购性价比更高的产品。

（六）国内外研究现状评述

国内外学者已取得的研究成果为本项目的研究奠定了坚实的理论基础，提供了有益的借鉴之处。然而，基于现有的成果，本研究发现该领域仍然存在一定的拓展空间，具体为：

（1）研究内容方面。首先，现有研究缺乏对于国产婴幼儿配方乳粉购买行为的特异性和影响因素的系统分析；其次，现有研究缺乏针对不同群体的国产婴幼儿配方乳粉购买行为差异的研究，不便于企业市场细分和目标市场选择。

（2）理论模型构建方面。首先，现有国内外文献大多借鉴西方学者的信任维度划分方式，且大多学者在研究中仅从单一维度进行信任测度；其次，多数学者仅结合研究对象特点修正理论模型，而忽略了调查群体的文化背景对理论基础的适应性的影响。

（3）研究方法方面。多数学者采用回归分析或结构方程模型研究信任对购买行为的影响程度或影响路径，关于影响机理的研究相对缺乏。

（4）对策建议方面。多数学者一般从政府、企业、媒体等影响消费者安全信任的相关主体角度提出对策建议，缺乏问题针对性，且多浮于表面，没有详细论及如何实现这些对策，对策实际应用转化难度较大。

综上所述，以上研究空白为本研究提供了选题和继续研究的空间。因此，有关安全信任与购买行为的问题需要进一步探究，如：基于现有理论并结合文化背景如何准确测度中国消费者安全信任，如何构建中国文化背景下消费者购买行为理论框架，安全信任如何影响消费者购买行为，不同消费群体中安全信任对消费者购买行为的影响机理是否存在差别，如何提出引导国产婴幼儿配方乳粉购买行为的有效对策建议。

四、研究内容、方法及技术路线

(一) 研究内容

(1) 阐述安全信任对国产婴幼儿配方乳粉购买行为的影响机理研究的背景、目的和意义,根据本书研究主题对相关国内外已有文献进行整理,分析总结研究现状,探索出本书的研究空间,厘清研究思路,构建分析框架,提出研究内容。界定论文研究所涉及的重要概念,提出研究的理论基础。

(2) 构建理论模型,提出研究假说。结合中国文化背景修正传统计划行为理论模型,基于信息不对称理论划分消费者国产婴幼儿配方乳粉安全信任维度,将安全信任纳入修正后的计划行为理论模型构建扩展计划行为理论模型,再根据消费者行为理论和婴幼儿配方乳粉产品特性将性别、孩子数量、家庭所有成员月收入、受教育程度和生活区域五个人口统计特征变量纳入扩展计划行为理论模型,构建形成了论文研究的基础理论模型。结合婴幼儿配方乳粉产品特征提出各变量间关系的假说。

(3) 问卷设计与研究方法。在已有文献的成熟量表、婴幼儿配方乳粉产品特性以及与消费者深度访谈的基础上初步设计变量测量量表,进一步与消费者、导师、其他专业老师探讨修正测量量表,并形成初始问卷。预调研后对数据进行信度和效度分析后,再次修订调研问卷,最终形成正式调研问卷。在选取的调研地点采用等样本滚雪球方法发放网络电子问卷进行数据收集,并运用描述性统计分析、信度和效度分析、结构方程模型和多群组结构方程模型对获取的数据进行分析。

(4) 实证分析安全信任对国产婴幼儿配方乳粉购买行为的影响机理。首先,针对调研对象的人口统计特征、消费者国产婴幼儿配方乳粉安全信任、传统和修正计划行为理论模型中的各变量以及婴幼儿配方乳粉购买行为进行描述性统计分析。然后,对变量测量数据进行信度和效度分析,利用结构方程模型检验修正、扩展后的计划行为理论模型的解释力,并对假说进行检验,讨论解释数据分析结果,探究安全信任对国产婴幼儿配方乳粉购买行为的影响机理。

(5) 实证分析人口统计特征在安全信任与国产婴幼儿配方乳粉购买行为

关系之间所起到的调节作用。基于提出的假说，描述性统计分析了不同性别、孩子数量、家庭所有成员月收入、受教育程度以及生活区域的消费者的安全信任和婴幼儿配方乳粉购买行为之间的差异，并利用独立样本 T 检验和单因素方差分析方法检验了差异的显著性，为之后的分析提供了现实依据。在此基础上，运用多群组结构方程模型分别探究了五个人口统计特征变量在安全信任与消费者国产婴幼儿配方乳粉购买行为关系之间的调节作用。

（6）总结归纳及对策建议。对上述研究结论进行总结归纳，从充分利用消费者群体意识、努力提高消费者安全信任以及全面实施差异化营销策略三个方面提出了引导消费者国产婴幼儿配方乳粉购买行为的对策建议。

（二）研究方法

在研究方法上，本书以信息不对称理论、消费者行为理论和计划行为理论为指导，采用文献研究与实地调研、定性与定量的研究方法进行探索，具体方法如下：

1. 文献研究方法

本研究主要利用知网和 Web of Science 数据库，检索、查阅、整理、归纳和分析了大量国内外食品安全信任和购买行为的相关文献，基于对中国市场中国产婴幼儿配方乳粉发展现实问题以及购买行为研究的系统分析，初步了解安全信任是影响消费者国产婴幼儿配方乳粉购买行为的重要因素。通过进一步检索、阅读和分析食品安全信任、购买行为和计划行为理论方面的经典文献和最新研究成果，确定了研究目标。基于相关文献理论分析以及研究对象特征分析，构建以修正扩展后的计划行为理论为基础的理论研究模型，初步开发了理论模型中各变量的测量量表。

2. 实地调研法

本研究首先挑选不同地区、社会阶层、受教育程度的婴幼儿配方乳粉消费者进行深度访谈，进一步明确了本书所需要解决的问题，修改了理论框架，初步开发变量测量量表以及调研问卷。确定调研问卷后，进行了小范围的预调研，调研结果通过信度和效度分析后，确定正式调研问卷，采用发放网络电子问卷的方式针对调研样本地点进行数据收集。最后，从调研问卷中筛选出有效问卷，形成本研究的基础数据库。

3. 计量分析方法

本书运用 SPSS 和 AMOS 统计软件，对调查所得数据进行了描述性统计分析、独立样本 T 检验、单因素方差分析、信度效度分析、结构方程模型和多群组结构方程模型分析，验证了理论假说。描述性统计分析了变量之间的关系，运用独立样本 T 检验和单因素方差分析方法比较了各变量之间差别显著性，运用信度效度分析证明了变量测量的可靠性和稳定性，利用结构方程模型测度了修正扩展后的计划行为理论的解释力以及变量之间的作用关系，利用多群组结构方程模型分析了人口统计特征变量在安全信任与购买行为之间的调节作用。

（三）技术路线

为了更加清晰地阐述本研究，绘制了如图 1-8 所示的技术路线：

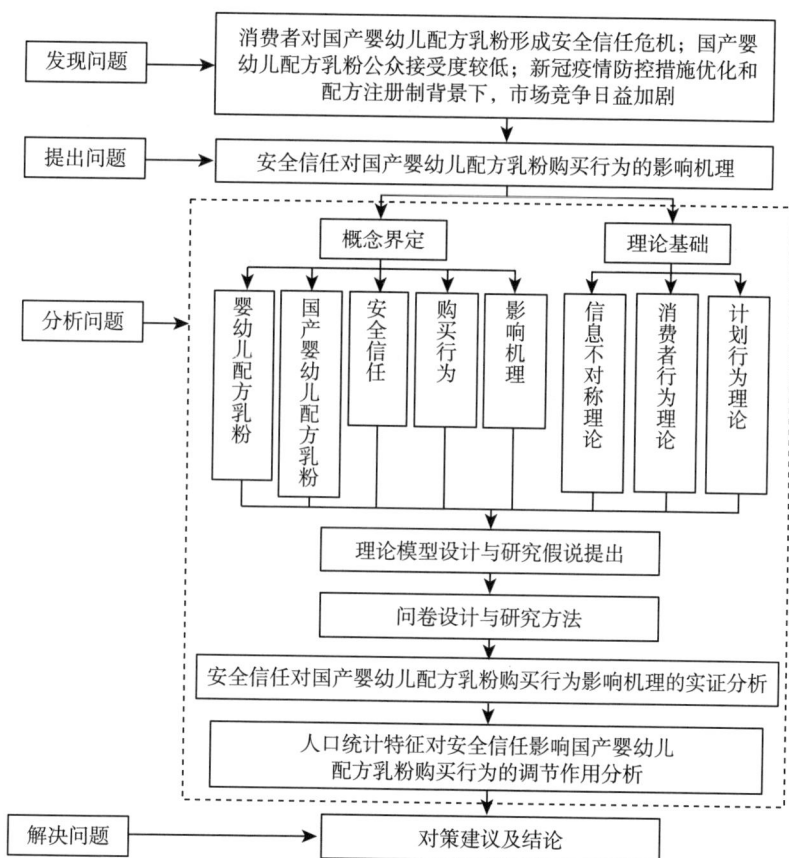

图 1-8　研究的技术路线图

五、课题来源

本课题的研究内容和经费主要获得以下多项课题的支持，如国家自然科学基金"婴幼儿配方乳粉安全信任指数对产品竞争力的影响——指标测度关联模型构建及市场模拟（编号：71673042）"，中宣部文化名家暨"四个一批"人才项目"中国乳制品竞争力比较研究"，内蒙古大学2021年高层次人才科研启动金项目（编号：10000－21311201/079）。

六、本章小结

本章开明宗义地叙述了本书的主要研究背景，概述了消费者国产婴幼儿配方乳粉接受度的变化，并从产品属性的角度剖析出安全信任是影响消费者国产婴幼儿配方乳粉购买行为的主要因素，概括性地提出了本书研究的主要问题就是安全信任对消费者国产婴幼儿配方乳粉购买行为的影响机理，并对立论的依据进行了论述。在此基础上，本章提出了一个完整的研究思路和相应的研究内容，并对本书的研究方法和研究意义进行了阐述。此外，本章还以技术路线图的方式说明了本书的结构，使读者在阅读前对本书形成纲要性和逻辑性的理解和把握。

第二章　概念界定及理论基础

一、相关概念界定

安全信任对国产婴幼儿配方乳粉购买行为的影响机理问题涉及的基本概念包括婴幼儿配方乳粉、国产婴幼儿配方乳粉、安全信任、购买行为与影响机理五个方面。

（一）婴幼儿配方乳粉

国内关于婴幼儿配方乳粉的定义主要集中在相关规范性文件和国家标准中。相关标准将婴幼儿配方乳粉定义为"针对婴儿群体的营养需要，以生鲜乳或乳粉为主要原料，去除了乳中的某些营养物质或强化了某些营养物质（也可能二者兼而有之），经干燥而成的粉末产品"。2010年发布的食品安全国家标准中将婴儿（0～6月龄）的乳基配方食品定义为"以乳类及乳蛋白制品为主要原料，加入适量的维生素、矿物质和（或）其他成分，仅用物理方法生产加工制成的液态或粉末产品。适于正常婴儿食用，其能量和营养成分能够满足0～6月龄婴儿的正常营养需要"，将较大婴儿（6～12月龄）和幼儿（12～36月龄）的乳基配方食品定义为"以乳类及乳蛋白制品为主要原料，加入适量的维生素、矿物质和（或）其他辅料，仅用物理方法生产加工制成的液态或粉状产品，适用于较大婴儿和幼儿使用，其营养成分能满足正常较大婴儿和幼儿的部分营养需要"。2021年修订发布的食品安全国家标准中将婴儿的乳基配方食品定义为"以乳类及乳蛋白制品为主要蛋白来源，加入适量的维生素、矿物质和（或）其他原料，仅用物理方法生产加工制成的产品。适用于正常婴儿食用，其能量和营养成分能满足 0～6 月龄婴儿正常营养需求的配方食品"，将较大婴儿的乳基配方食品定义为"以乳类及乳蛋白制品为主要蛋白来源，加入适量的维生素、矿物质和（或）其他原料，仅用物理方法生产加工制成的产品。适用于正常较大婴儿食用，其能量和营养成分能满足 6～12 月龄较大婴儿部分营养需要的配方食品"，将幼儿的乳基配方食品定义为"以乳类及乳蛋白制品为主要蛋白来源，加入适量的维生素、矿物质和（或）其他原料，仅用物理方法生产加工制成的产品。适用于幼儿食用，其能量和营养成分能满足 12～36 月龄正常幼儿的部分营养需要"。

总结分析以上规范性文件和国家标准中的定义可以发现，政府对婴幼儿配方乳粉含义的界定在适用对象、营养成分、产品形态和营养要求四方面都在逐步具体化。适用对象方面，由统一概括性的规定转变到按照婴幼儿月龄细分为婴儿、较大婴儿和幼儿三阶段；营养成分方面，婴幼儿配方乳粉定义中的营养成分名词不断具体化，由"营养物质"转变为"维生素""矿物质"等具体营养素；产品形态方面，由"液态或粉末"的具体规定转变为不明确的"产品"；营养要求方面，由无要求转变为明确具体的要求。为了防止三鹿奶粉事件的再次发生，定义中对于蛋白质的来源作出了明确规定。

通过以上分析，本书将婴幼儿配方乳粉定义为"以乳类及乳蛋白制品为主要蛋白来源，加入适量的维生素、矿物质和（或）其他原料，仅用物理方法生产加工制成的产品。适用于正常的婴儿、较大婴儿和幼儿食用，其能量和营养成分能满足婴幼儿的部分或正常营养需求"。

（二）国产婴幼儿配方乳粉

国产，顾名思义，即为"本国生产的产品"。随着经济全球化的发展，国际产业分工的逐步细化，国产的含义也发生了变化。参考百度百科，国产的含义变为"具有自主知识产权的本国企业生产的产品"。由于 2008 年三鹿奶粉事件是婴幼儿配方乳粉生产企业为使产品质量检验中蛋白质含量高于实际含量而蓄意添加三聚氰胺引发的，导致三鹿奶粉事件之后中国消费者对国产婴幼儿配方乳粉的产品配方和奶源安全问题格外关注。因此，本书从产品配方和奶源两个方面区分国产和进口婴幼儿配方乳粉。

产品配方方面，婴幼儿配方乳粉的产品配方属于生产企业知识产权的核心部分，因此将中国生产企业自主研发并通过国家配方注册许可生产的婴幼儿配方乳粉称为国产婴幼儿配方乳粉。进口婴幼儿配方乳粉包括国行婴幼儿配方乳粉和海淘婴幼儿配方乳粉（又称海外本土婴幼儿配方乳粉）。国行婴幼儿配方乳粉是由国外生产企业自主研发，通过中国配方注册许可，经过正规渠道进入中国市场的婴幼儿配方乳粉；而海淘婴幼儿配方乳粉是通过代购、海淘等非正规渠道进入中国市场的婴幼儿配方乳粉，这种婴幼儿配方乳粉的产品配方未必符合中国的食品安全国家标准。

产品奶源方面，2008年三鹿奶粉事件后消费者对国产婴幼儿配方乳粉奶源的安全信任度较低，致使很多婴幼儿配方乳粉企业为了提高消费者对其产品奶源的安全信任度，更倾向于采用进口生乳和进口大包粉作为婴幼儿配方乳粉的奶源。其中，生乳即为中国企业生产的原料生鲜乳，进口大包粉则由国外企业生产的生鲜乳喷粉制成，但实际上，进口大包粉由于保存时间过长导致其较生鲜乳在安全上存在更大风险。产品奶源多渠道的现象导致在中国市场上流通的婴幼儿配方乳粉产品的生产过程存在国际产业分工。中国婴幼儿配方乳粉生产加工企业方面，很多生产加工企业选择走出国门到新西兰、澳大利亚等乳业发达国家投资建厂，但产品配方仍由中国企业自主研发，产品奶源则使用国外企业生产的生乳或大包粉。因此，中国生产加工企业生产的婴幼儿配方乳粉可以分为纯国产婴幼儿配方乳粉、配方国产原料进口（大包粉）的婴幼儿配方乳粉、配方国产原料进口（生乳）的婴幼儿配方乳粉。国外婴幼儿配方乳粉生产加工企业方面，很多企业纷纷到中国境内投资建立独资或合资企业，其产品配方由其自主研发，但奶源主要为国产生乳和进口大包粉。因此，国外生产加工企业生产的婴幼儿配方乳粉可以分为原装进口婴幼儿配方乳粉、配方进口原料国产（生乳）的婴幼儿配方乳粉、配方进口原料进口（大包粉）的婴幼儿配方乳粉。

通过以上分析，本书将国产婴幼儿配方乳粉定义为"中国婴幼儿配方乳粉生产加工企业自主研发的并通过国家配方注册许可生产的婴幼儿配方乳粉，包括纯国产婴幼儿配方乳粉、配方国产原料进口（大包粉）的婴幼儿配方乳粉、配方国产原料进口（生乳）的婴幼儿配方乳粉"。

（三）安全信任

通过国内外研究现状及评述中"关于信任的研究"部分对信任内涵的阐释，本研究认为信任的内涵可以概括为以下几点：第一，信任者与被信任者。信任只能存在于两个或多个主体之间。第二，积极的正面期望。只有在信任者对被信任者行为的主观判断是积极正面时，信任才能够产生。第三，接受有可能被伤害的意愿。信任方不具备监控被信任者实施善意行为的能力，一旦被信任方实行与信任方预期相悖的行为，信任方将面临风险。

本书的研究对象是婴幼儿配方乳粉安全信任，是信任在婴幼儿配方乳粉领域的反映，是消费者对婴幼儿配方乳粉产品安全性的信任。三鹿奶粉事件后，消费者对婴幼儿配方乳粉的安全性高度重视，加之婴幼儿配方乳粉的安全对婴幼儿身体健康发育很重要，消费者无法承担也不可能自愿承受被伤害的风险，婴幼儿配方乳粉安全信任中不应包含"接受有可能被伤害的意愿"。婴幼儿配方乳粉安全信任危机的根源在于消费者与生产者之间的信息不对称，消费者无法获得与婴幼儿配方乳粉产品安全性相关的确定性信息，只能结合有限信息对生产主体、社会监管主体、政府等相关主体所表现出来的保证产品安全的能力和意愿进行综合评估，形成其对产品的安全信任度。

通过以上分析，本书将婴幼儿配方乳粉安全信任定义为"消费者在综合评估所有相关主体保证产品安全的能力和意愿后，认定该产品对婴幼儿身体成长发育不存在任何的安全隐患"。

（四）购买行为

在国内外研究现状及评述中，"消费者购买行为的内涵"和"消费者购买行为的类型"部分针对购买行为的内涵和类型进行了阐释，结合婴幼儿配方乳粉消费者的家庭成员结构，可将婴幼儿配方乳粉购买行为分为两类。第一类是家中仅有一个孩子的消费者，消费者为初次购买，需要结合婴幼儿需求对可选择的产品信息进行全面搜索，经评估后做出购买决策，此过程为全面问题型购买行为，消费后未出现意外基本不会改变决策，购买行为类型转变为忠诚型购买行为。第二类是家中有两个及以上孩子的消费者，首次购买同样为全面问题型购买行为，有二胎时消费者会结合购买经验及婴幼儿特定需求进行有限信息搜索后作出购买决策，最终形成忠诚型购买行为。一旦出现不良购买经历后，消费者基本不会回购。

在本研究中，购买行为是消费者通过人际关系（即"放心关系"）、生产主体、社会监管主体以及政府信息来源主体全面或有限了解国产婴幼儿配方乳粉安全性的相关信息之后，经心理评估各主体保证产品安全的能力和意愿后决定是否购买，以及消费后是否长期购买的过程。

（五）影响机理

新华字典中，"机"为事物发生的枢纽，对事情成败有重要关系的中心环节，"理"为事物的纹路、层次、变化规律，"机理"的含义即为"事物变化的动机和规律"。在经济学中，影响指两个及以上的变量之间的单向或双向作用关系，影响机理即为两个及以上的变量之间的影响方向及影响程度。

在本研究中，将影响机理定义为"安全信任对国产婴幼儿配方乳粉购买行为的影响方向及影响程度"。

二、理论基础

（一）信息不对称理论

1. 信息不对称理论的发展脉络

1959 年美国经济学家 Marschark 发表的论文《信息经济学家评论》是关于信息经济学研究的发展萌芽，并得到了学术界的广泛关注。1963 年 Arrow 基于医患之间信息不均等的研究首次提出了信息不对称的概念。1970 年 Akerlof 在论文《"柠檬"市场：质量的不确定性与市场机制》中分析了信息不对称对市场经济效率的影响，之后信息不对称理论被学者们应用到信贷市场、农产品市场、保险市场等领域深入探讨验证其对效率的影响。

Stiglitz et al.（1981）探究了信息不对称状态下的信贷配给问题所引起的效率损失[157]，李勇等（2004）基于信息经济学理论指出了信息不对称对安全农产品市场可能产生的伤害[158]。

2. 信息不对称理论对市场效率的影响机理

信息不对称是指交易中卖方比买方掌握了更多产品质量信息，卖方为实现自身利益最大化将会造成买方利益损失，进而形成逆向选择行为，最终导致市场失灵，无法实现帕累托最优（Akerlof[159]，1970）。旧车市场中，二手车的卖方比买方了解更多二手车的质量信息，但他为了实现自身利益最大化不会将全部真实信息告知买方，买方仅通过外观和试用无法了解二手车质量的真实情况，只能假设二手车质量是中等的并支付与质量相对应的价格。最终，二手车市场上的平均价格即为在信息对称状态下优质车的平均价格和劣质车的平均价格之间，导致部分优质车退出二手车市场，市场中车的质量水平整体下降，消费者需求随之缩减，即为逆向选择行为。经过多次循环之后，市场中车的质量下降到极端，消费者需求缩减为零，二手车市场随之消失，即为市场失灵。

3. 信息不对称理论在婴幼儿配方乳粉市场中的应用

婴幼儿配方乳粉属于信任品，其市场中同样存在着信息不对称现象，根据婴幼儿配方乳粉的产品特性，本研究总结了婴幼儿配方乳粉市场中信息不对称的特点。其一，信息不对称程度更强。由于婴幼儿配方乳粉的购买者与食用者绝对分离，食用者是表达能力尚未发育健全的婴幼儿，无法向购买者及时准确地传达产品用后体验，购买者对婴幼儿配方乳粉产品的买后质量感知具有滞后性和模糊性，交易双方信息不对称程度更强。其二，高利润、低监管导致"柠檬市场"的形成。婴幼儿配方乳粉属于刚需产品，加之其安全性对于婴幼儿身体健康发育的重要作用，导致很多消费者不得不通过产品价格信息辨别产品安全性，消费者愿意为产品安全支付溢价，导致产品市场平均价格逐渐上升。行业利润的上升以及市场监管的疏漏导致婴幼儿配方乳粉市场中假冒伪劣产品横行，优质产品逐渐退出市场，出现了婴幼儿配方乳粉"柠檬市场"。

交易双方的高度信息不对称、行业监管的缺失、企业盲目逐利等因素催生了中国婴幼儿配方乳粉"柠檬市场"，一系列安全事件发生后消费者形成了国产婴幼儿配方乳粉安全信任危机，大量消费者选择购买进口婴幼儿配方乳粉。因此，本书将安全信任作为消费者购买行为的主要影响因素，探究其对国产婴幼儿配方乳粉购买行为的影响机理。

（二）消费者行为理论

1. 消费者行为研究的发展脉络

关于消费者的研究起源于美国商界，为了商业目的进行消费者行为预测（卢泰宏[160]，2017），但当时关于消费者行为的研究并未引起学术界的关注。直到 20 世纪 70 年代，受企业营销发展需求的推动，部分西方高等院校设立了专门研究消费者行为的独立学科，1965 年美国俄亥俄州立大学编撰第一份正式的《消费者行为学》的教学大纲。1968 年恩格尔、布莱克韦尔以及科拉特三人合作出版了第一本专著《消费者行为学》。自此，西方学术界掀起了关于消费者行为研究的热潮。

综合各领域学者的研究，消费者行为的内涵可以从广义和狭义两方面进行理解。广义角度来看，消费者行为理论的内涵引用了生态学的观点，随着社会经济的发展，生态环境日益恶化，自然资源逐渐紧缺，环境保护和生态可持续发展问题逐渐引起了人们的关注。因此，生态学学者将消费者行为定义为人类利用环境资源时（无论是否产生货币交换）的心理和行为的规律。广义视角下，关于消费者行为研究的著作相对较少，代表作为美国学者伍兹于 20 世纪 80 年代初出版的《消费者行为》（司金銮[161]，1996）。狭义视角来看，消费者行为理论的内涵主要引用了市场经营学的观点。20 世纪 90 年代的学者大多是从该角度进行消费者行为研究，但并未形成统一的概念。1984 年劳登和比塔在合著的《消费者行为——概念及应用》中提出，消费者行为是指人类在进行评估、获得、使用、处理产品和服务的决策过程中的身体活动；1989 年伍兹在其第七版《消费者行为》专著中把消费者行为定义为"人们在获取他们需要的东西时进行的选购、对比、购买以及消费商品和服务的一系列行为过程"。

2. 消费者行为的研究范式

消费者行为的研究范式可以分为实证主义和非实证主义两大范式。实证主义从理性、行为、认知、动机、社会、特质、态度和情景八大视角研究消费者行为（晏国祥[162]，2008）。研究者一般采用自然科学的方法进行实证主义研究，利用模拟实验或抽样调查的方法收集一定量的消费者在实施消费行为过程中因子变量的数据，通过计量方法研究其与因变量（消费者最终购买决策）之间的关系，进而将研究结果推广至整个群体并预测消费行为。非实证主义形成于 20 世纪 90 年代，从诠释主义和后现代主义两个视角进行研究，认为实证主义将消费者过于同质化，忽略了消费者之间的个性差异化，利用对部分消费者行为的调查数据实证研究的结果不能推广到整个消费者群体（罗纪宁[163]，2004）。非实证主义范式主要通过定性分析研究消费者行为的心理动机，做出主观解释。

3. 婴幼儿配方乳粉消费者行为

本书主要研究消费者为满足婴幼儿身体健康成长发育需求而进行的婴幼儿配方乳粉产品信息搜集、评估、决策、消费以及购后处置的行为过程，婴幼儿配方乳粉购买行为属于消费者商品购买行为，因此属于消费者行为研究的狭义范畴。另外，婴幼儿配方乳粉消费者最主要的购买动机需求是基本一致的，即购买的产品绝对安全。本研究认为实证研究结果在一定程度上具有可推广性，因此采用实证主义范式对婴幼儿配方乳粉购买行为进行探究。

结合实证主义分析范式的八个视角，本研究认为，消费者对国产婴幼儿配方乳粉产品属性的认知越准确，安全信任度越高，行为态度越积极，消费选购国产婴幼儿配方乳粉的可能性越大，而产品认知、安全信任和行为态度均会因消费者人口统计特征的差异而产生较大的不同。因此，依据消费者行为理论，本研究在以安全信任为主要研究对象的基础上，进一步引入人口统计特征变量，探究其在安全信任与消费者国产婴幼儿配方乳粉购买行为作用关系之间所起到的调节作用。

（三）计划行为理论

计划行为理论是应用最广泛的消费者行为研究的基本框架之一，它已被成功应用在关于消费者食品购买意图或行为的很多研究当中（Cook et al.[23]，2002；Vermeir et al.[24]，2008；Qi et al.[25]，2019；Kim et al.[26]，2014；Zhang et al.[28]，2018）。在消费者行为理论基础上初步了解消费者购买行为过程之后，本研究决定将计划行为理论作为课题研究的基本框架。关于计划行为理论的发展脉络和基本内容，本书已在文献综述部分进行了具体阐释，故不再赘述。但由于计划行为理论是美国经济学家 Ajzen 在西方文化背景下提出的，鉴于文化背景对消费者购买行为的重要影响，本书需结合中国文化背景针对计划行为理论做出修正。

国内外研究现状及评述的"关于信任与安全信任的研究"部分具体阐释了中西文化背景的差别，并发现中国学者李东进结合中国文化背景将 Fishbein 的合理行为理论中主观规范变量修正为面子意识和群体一致性之后，提高了模型的解释预测能力，且修正后的理论在之后的研究中得到了较广泛地验证、应用、推广（Qi et al.[25]，2019；何小洲等[30]，2014；郑玉香等[31]，2009）。在婴幼儿配方乳粉的购买行为中，面子意识和群体一致性同样会对消费者购买行为产生影响。面子意识方面，消费者可能会为了保全面子选购进口婴幼儿配方乳粉。易观数据显示，国产婴幼儿配方乳粉在一、二线城市中的接受度极低，分别为 4% 和 8%，如果生活在一、二线城市的消费者发现与其关系亲近的人均为自己的孩子购买了公众认为更有安全保障的进口婴幼儿配方乳粉，即使该消费者信任国产婴幼儿配方乳粉的安全性，为了保全自己的面子，他也有可能选择与其他人同样购买进口婴幼儿配方乳粉。群体一致性方面，消费者可能受身边人的影响选购国产婴幼儿配方乳粉。三、四线城市生活水平较高的消费者可以在进口和国产婴幼儿配方乳粉中自由选择，但其可能会受到亲友国产婴幼儿配方乳粉的良好购买经验的影响而选购国产婴幼儿配方乳粉。两个变量看似会对不同的消费者购买行为产生相反的影响，但该变量的设计是为了探究社会压力对消费者婴幼儿配方乳粉购买行为的影响，该变量测量量表中不会提及婴幼儿配方乳粉的具体产地或品牌，因而不会影响该变量对不同消费者购买行为的作用方式。综合考虑本书的研究对象婴幼儿配方乳粉购买行为特性后，本研究认为可以借鉴该修正方式，把计划行为理论中的主观规范替换为面子意识和群体一致性（图 2-1），以修正后的计划行为理论为基础，探究安全信任与国产婴幼儿配方乳粉购买行为之间的关系。

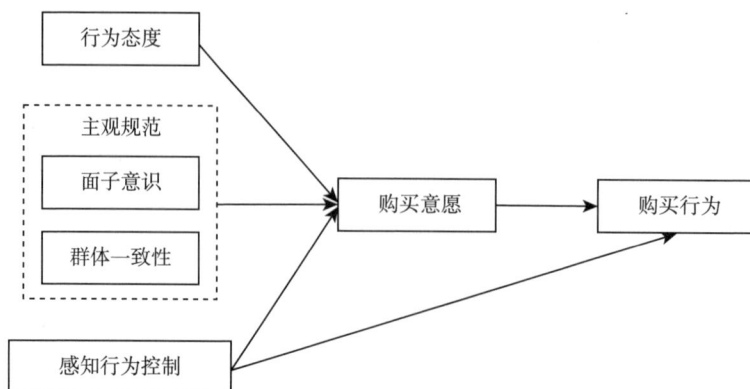

图 2-1　修正后的计划行为理论

三、本章小结

本章根据研究内容对婴幼儿配方乳粉、国产婴幼儿配方乳粉、安全信任、购买行为和影响机理五个概念进行了界定，厘清了本书的研究界限。在系统分析了本书的研究内容后，将信息不对称理论、消费者行为理论和计划行为理论作为本书的理论基础，并全面介绍了三个理论的主要内容及其在消费者安全信任和婴幼儿配方乳粉购买行为的关系研究中的应用机理，为第三章研究假说的提出和理论模型的设计奠定了基础。

第三章 安全信任对国产婴幼儿配方乳粉购买行为影响机理的假说提出及模型构建

一、研究假说的提出

2008 年三鹿奶粉事件后，政府出台实施了严格管控措施保障了国产婴幼儿配方乳粉质量安全，但之后一系列食品安全事件的发生导致消费者对国产婴幼儿配方乳粉的安全性形成了信任危机，进口婴幼儿配方乳粉一直占据国内较大市场份额。通过浏览查阅相关新闻及文献，本研究发现中国消费者相对更加偏好购买进口婴幼儿配方乳粉（于海龙等[55]，2012；钱贵霞等[164]，2014；徐迎军等[21]，2017；全世文等[54]，2017）。但在政府严格管控的背景下，国产婴幼儿配方乳粉的产品安全性得到极大提升，其产品安全性与进口产品基本无差别。本书在国产与进口婴幼儿配方乳粉产品安全性无差别的背景下展开研究，若国产婴幼儿配方乳粉的安全性远不及进口产品，本研究将无意义。因此本书提出了"H1：中国婴幼儿配方乳粉市场中，多数消费者认为进口婴幼儿配方乳粉是更好的选择"。

（一）传统计划行为理论模型的解释力

计划行为理论是消费者行为研究的基本框架之一，它已被成功应用在关于消费者食品购买意图或行为的很多研究当中，对意图和行为具有较高的解释力（Krittinee et al.[14]，2017；Qi et al.[25]，2019；姜百臣等[136]，2017；Carfora et al.[165]，2019；Dowd et al.[166]，2013）。该理论指出，特定行为是由一个人执行行动的意图驱动的。意图由三个关键认知因素决定，即行为态度、主观规范、感知行为控制（Ajzen[114]，1991）。行为态度是个体对行为积极或消极的主观评价，主观规范是个体在思考是否实施某项行为时所感受到的社会压力，感知行为控制是个人实施某一行为时感受到的预期阻碍。因此，本书提出以下假说：

H2：传统计划行为理论对消费者国产婴幼儿配方乳粉购买意图和行为具有一定的解释力。

（二）修正计划行为理论模型的解释力及变量关系

德尔·霍金斯认为文化影响着人类一切心理和行为活动，每个人的消费行为均受到特定文化环境下形成的社会规范的约束。计划行为理论是美国经济学家Ajzen在西方文化背景下提出的，部分学者认为在其他文化背景下应用该理论需要进行一定程度的修正（Albaum et al.[167]，1984；Lee et al.[168]，1991），一些学者结合文化背景通过修正计划行为理论提高了消费者意图和行为的解释力（Qi et al.[25]，2019；李东进等[29]，2009）。根据Ajzen的观点，主观规范是指个体所感受到的社会压力，但社会压力的施压主体和施压方式是不明确的，对消费者行为的影响力也因此降低；尤其在中国熟人社会的背景下，相比社会压力，消费者的人际关系对其行为的影响更加直接。在第二章的计划行为理论分析中，本研究在系统分析中国文化背景后提出应在修正的计划行为理论的基础上探究国产婴幼儿配方乳粉购买行为，将传统计划行为理论中的"主观规范"替换为"面子意识"和"群体意识"。因此，本书提出以下假说：

H3：相较于传统计划行为理论，修正计划行为理论提高了对消费者国产婴幼儿配方乳粉购买意愿和行为的解释力。

修正计划行为理论包括行为态度、面子意识、群体意识、感知行为控制、购买意愿和购买行为六个变量。以下将针对修正计划行为理论中各变量之间的关系进行理论分析并提出研究假说。

1. 行为态度

态度是影响和预测消费者行为的重要心理因素（Kraus[169]，1995）。作为计划行为理论中的核心概念，行为态度是指一个人对执行某一行为积极或消极程度的评估（Ajzen[114]，1991）。行为态度主要强调态度中的工具性成分，忽略情感性成分（段文婷[170]，2008），工具性成分即个人对执行某行为对其有用或有害、有价值或无价值的评估，情感性成分即为个人对执行某行为喜欢或不喜欢、愉快或痛苦程度的评估。消费者对购买国产婴幼儿配方乳粉的行为态度评估主要是从工具性成分角度。婴幼儿配方乳粉购买行为的发生是为了满足婴幼儿身体成长发育所需要的能量，是否有购买意愿取决于消费者对国产婴幼儿配方乳粉产品的有用性、无害性的主观评价，有用性、无害性的评价又反映了消费者对执行购买行为的态度，行为态度是影响消费者国产婴幼儿配方乳粉购买意向的最主要的因素。虽未见关于行为态度与婴幼儿配方乳粉购买行为之间关系的研究，但已有研究表明，消费者的行为态度对转基因食品、食品安全危机情景下的液态奶等产品安全性未知的食品购买行为均产生了显著的正向影响（Zhang et al.[171]，2018；Hoque et al.[145]，2018）。综上所述，消费者对国产婴幼儿配方乳粉产品有用性、无害性等属性的主观评价越高，表明其对实施国产婴幼儿配方乳粉购买行为的态度积极性越高，因而其对国产婴幼儿配方乳粉的购买意愿越强烈。故提出如下研究假说：

H4：行为态度对国产婴幼儿配方乳粉购买意愿有显著正向影响。

2. 面子意识

面子是指个人通过履行其他人公认的特定角色而获得的公众形象（Hu[172]，1994；Redding et al.[173]，1983）。面子可以分为心理建构和社会建构两类，心理建构是指个体在社会中的形象投射，社会建构是指社会赋予个人的声望和地位（郭晓琳等[174]，2015）。面子意识是指个体想要在社交活动中避免失去、维护和提升面子的观念（Bao et al.[175]，2003），在一定程度上影响着行为意向，个体为了得到社会的赞赏可能会做出违背自己行为意愿的选择（李东进等[29]，2009；唐林等[176]，2019）。个体在社会生活中会面对各种面子消息的外界刺激，消息的处理结果可以分为面子知觉的反应、情绪的生理反应和外显反应（李东进等[29]，2009）。个体面对各种面子信息形成面子感知，产生没面子或有面子的主观感受，感觉没面子时个体会产生尴尬、羞愧、愤怒等负面情绪，并采取补救措施挽回面子，感觉有面子时个体会产生得意、骄傲、喜悦等正面情绪，并采取预防措施避免丢面子。

面子意识对行为意向的影响程度受个体特征、行为对象特征以及行为情境特征等因素的影响（郭晓琳等[174]，2015）。面子意识同样存在于其他文化中，但在家族主义价值观的文化背景下，面子意识对中国消费者行为的影响更加突出（Ting - Toomey[177]，1988；Bao et al.[175]，2003；Li et al.[178]，2007），大量研究证明面子意识是中国人消费行为和购买意愿的重要影响因素（Chang et al.[179]，1994；Li et al.[180]，2009；Qi et al.[25]，2019；李东进等[29]，2009；薛海波等[181]，2014）。

产品安全是消费者购买婴幼儿配方乳粉的首要影响因素，但在政府严格监管下仍旧难以挽回国产婴幼儿配方乳粉的市场份额，主要原因是消费者对国产婴幼儿配方乳粉安全信任的缺乏，本研究认为消费者的面子意识在其中也起到了一定的作用。国产婴幼儿配方乳粉安全信任危机发生后，中国消费者普遍偏好购买价格较高的进口婴幼儿配方乳粉，长期形成了进口产品更加有保障、更加高档的社会主观规范。因此，即使国产婴幼儿配方乳粉的质量安全得到较大提升，但受到社会主观规范及周围人购买行为的影响，消费者也会认为选购进口婴幼儿配方乳粉是更有面子的事情。中国进口高端婴幼儿配方乳粉产品市场规模的迅速扩大在一定程度上印证了本研究的猜测。在H1 的前提下，提出如下假说：

H5：面子意识对消费者国产婴幼儿配方乳粉购买意愿具有显著负向影响。

3. 群体意识

群体意识是指个体的心理意识容易受到群体影响，并倾向于与群体保持一致。个体主要通过社会和信息的原因被群体影响，被社会影响的原因是个体趋向于迎合他人以及社会的期望以实现归属感，被信息影响的原因是个体采纳他人的信息作为真实的证据以避免不确定时出现决策错误。个体趋向与群体保持一致的动机分别为准确、自身相关和他人相关动机，准确动机是指个体认为他人的行为建议是正确，能够帮助自己在不确定的情况下做出准确的决策；自身相关动机是指个体为了获得社会归属感而服从群体；他人相关动机是指个体为了得到奖励或避免惩罚等他人对其行为的评价而选择服从群体（Pool[182]，1998）。群体意识在中国人的社会生活中发挥着重要的作用（Juan et al.[183]，2007），在家庭主义价值观的文化背景下，个体有较强的依赖思想，尤其是在要做出重要的选择但行为结果又存在较强的不确定性时，容易信服他人的信息。在消费过程中，中国消费者很容易受到群体成员的影响，他们往往表现出类似的消费行为（Juan et al.[183]，2007；Xiao et al.[184]，2009），群体意识对中国消费者购买意愿具有显著的积极影响（Liu et al.[185]，2011）。

受到婴幼儿配方乳粉产品的高度信息不对称性及其决策结果的重要性的影响，为了保证所选购的产品能够保证婴幼儿身体的健康成长，消费者会向其周围群体（尤其是关系亲密的群体）征求产品选购意见。当其周围的群体均购买进口婴幼儿配方乳粉，并且购后评价良好时，该消费者很可能会同样购买进口婴幼儿配方乳粉，这在一定程度上解释了进口婴幼儿配方乳粉占据了一、二线城市90％以上的市场份额的原因。故在 H1 的前提下，提出如下假说：

H6：群体意识对消费者国产婴幼儿配方乳粉购买意愿具有显著负向影响。

4. 感知行为控制

感知行为控制是个体对执行感兴趣的行为的难易程度的感知，反映了个体过去的经验和预期的障碍，与个体所具备的机会和资源等非动机因素（时间、金钱、技能、他人的合作等）相关（Ajzen[186]，1985；Ajzen[114]，1991）。在选购婴幼儿配方乳粉时，感知行为控制为消费者对选购其认为安全性最高的婴幼儿配方乳粉产品的难易程度的感知，当消费者感知到选购该产品不存在难以逾越的障碍时，形成的购买意图也随之变强。但由于本研究调查的是消费者对国产婴幼儿配方乳粉的购买意向，在 H1 的前提下，消费者感知到自身购买进口婴幼儿配方乳粉的非动机因素越少，感知行为控制越小，购买国产婴幼儿配方乳粉的意图越弱。作为一种阶段性消费品，大部分消费者为了确保婴幼儿的身体健康很可能会克服价格昂贵、购买不便等障碍，选购其认为安全性最有保障的进口婴幼儿配方乳粉，这在一定程度上弱化了感知行为控制对婴幼儿配方乳粉购买意向的影响。故提出如下假说：

H7：感知行为控制对消费者国产婴幼儿配方乳粉购买意图具有显著正向影响。

在行为态度、主观规范以及感知行为控制的影响下，一些行为意图能够直接转化为实际行为，但很多实际行为的执行在一定程度上受制于必备的非动机因素的可用性（Ajzen[186]，1985）。准确地说，非动机因素实际控制了个人行为，个体在产生行为意向之后，只有具备行为所需的机会和资源才能执行实际行为。在消费者选购婴幼儿配方乳粉时，假如比起对国产婴幼儿配方乳粉，消费者本身对进口婴幼儿配方乳粉的态度更积极，周围的亲戚朋友均购买进口婴幼儿配方乳粉并经常向其推荐，其自身也认为购买进口婴幼儿配方乳粉更有面子，但收入水平低、家中孩子数量多、购买不方便等因素导致该消费者不具备购买进口婴幼儿配方乳粉的机会和资源，因此其购买意愿无法转化为实际购买行为。婴幼儿配方乳粉阶段性消费品的产品属性以及其安全性对婴幼儿身体健康的重要性同样会一定程度上弱化感知行为控制对消费者购买行为的影响。与感知行为控制和购买意图的关系类似，在 H1 的基础上，提出如下研究假说：

H8：感知行为控制对消费者国产婴幼儿配方乳粉购买行为具有正向影响。

5. 购买意愿

意图是影响行为的动机因素的集合，与感知行为控制共同预测行为（Ajzen[114]，1991）。当不存在比行为未执行所产生的后果更严重的机会和资源等非动机因素控制的行为发生时，意图可以相当准确地预测行为（Sheppard et al.[187]，1988；Ajzen[188]，1988）。消费者对特定婴幼儿配方乳粉产品产生购买意愿后，说明该产品能够满足消费者对婴幼儿配方乳粉安全的需求，不存在感知行为控制因素时消费者极有可能购买该产品，即使存在障碍，在 H1 的前提下消费者也有较大的可能性会将购买意愿转化为购买行为。故提出如下研究假说：

H9：购买意图对国产婴幼儿配方乳粉购买行为具有显著的正向影响。

（三）扩展计划行为理论模型的解释力及变量关系

作为一种信任品，多数消费者没有技术专长和资源渠道来控制区分婴幼儿配方乳粉的安全性（Jahn[189]，2005），产品购买者与食用者的绝对分离在很大程度上导致产品买后安全感知的滞后性和模糊性。此外，消费者对婴幼儿配方乳粉安全的高度敏感性，国产婴幼儿配方乳粉一系列安全事件的发生导致消费者对其安全性产生了信任危机，纷纷选购进口婴幼儿配方乳粉，对中国婴幼儿配方乳粉产业的发展造成了巨大的冲击。产品安全是多数消费者选购婴幼儿配方乳粉的首要标准，安全信任将对消费者国产婴幼儿配方乳粉购买行为产生重要影响（刘华等[19]，2013；Hobbs et al.[190]，2015；Volland[191]，2017）。因此，本书将安全信任引入修正计划行为理论构建扩展计划行为理论模型，并提出 H10，即"相比修正计划行为理论，扩展计划行为理论进一步提高了对消费者国产婴幼儿配方乳粉购买意愿和行为的解释力"。以下针对扩展计划行为理论中安全信任与国产婴幼儿配方乳粉购买行为的作用关系提出理论假说。

与信任相同，安全信任是一个多维度的概念。文献综述中提到现有研究对于安全信任的划分主要以信任结果（de Jonge et al.[109]，2007）和被信任对象（Krittinee et al.[14]，2017；卢菲菲等[112]，2010）为依据。作为一种产品质量感知高度模糊的信任品，消费者无法客观判断婴幼儿配方乳粉的安全性，只能辨别分析所有信任对象发送的安全信息评估之后做出购买决策，本研究将从信任对象的角度对婴幼儿配方乳粉安全信任进行划分。以信任对象为划分依据的相关研究主要将信任划分为个人信任和系统信任两个维度（Krittinee et al.[14]，2017；Sassatelli et al.[192]，2001；Torjusen et al.[193]，2004），个人信任指对生产者、零售商、农民等具体对象的信任（Essoussi et al.[194]，2009；Janssen et al.[195]，2012；Jensen et al.[196]，2011），系统信任即指对制度的信任。部分学者在此基础上增加了一般信任，即为信任别人（陌生人）的倾向（Hobbs et al.[190]，2015），但由于婴幼儿配方乳粉的安全性对一个家庭来说极端重要，即使消费者一般信任程度较高，消费者在选购婴幼儿配方乳粉的过程中也会提高警惕，对陌生人的一般信任不会对消费者的购买行为产生显著影响。因此，本书将安全信任划分为个人信任和系统信任两个维度。个人信任是指消费者对生产企业、社会媒体、专家、检测机构等传播婴幼儿配方乳粉产品安全真实信息的能力和善意的正面期望，进一步归纳分类消费者社会关系后，将个人信任划分为生产主体信任和社会监管主体信任。系统信任是指消费者对政府保证国产婴幼儿配方乳粉安全的能力和善意的正面期望。另外，中国市场中进口婴幼儿配方乳粉所占比重较大，且呈持续上涨态势，进口和国产婴幼儿配方乳粉在中国婴幼儿配方乳粉市场中是处于竞争关系的两个主体，消费者对进口婴幼儿配方乳粉的安全信任程度在很大程度上会抑制其对国产婴幼儿配方乳粉的安全信任程度。与消费者进行深度访谈发现，比起对国产婴幼儿配方乳粉，部分消费者对进口婴幼儿配方乳粉的产品安全处于绝对信任的状态。这种安全信任巨大落差的存在导致在选购婴幼儿配方乳粉时，部分消费者会自动忽略国产婴幼儿配方乳粉的存在，直接在进口产品中选购。因此，消费者对进口婴幼儿配方乳粉的安全信任会危及对国产婴幼儿配方乳粉的安全信任，进而抑制国产婴幼儿配方乳粉购买行为。故本研究增加了进口产品信任的维度，即对消费者对进口婴幼儿配方乳粉的安全信任进行衡量。

本研究以消费者信任对象为依据，将安全信任划分为生产主体信任、社会监管主体信任、政府信任以及进口产品信任四部分，安全信任主要通过行为态度和购买意愿间接影响购买行为。

1. 安全信任与行为态度之间的关系

安全信任通过行为态度对购买行为产生间接影响。根据计划行为理论，一个人实施重要行为的私人理由或动机是在对行为的整体评价或态度中被捕获的，对行为的态度是通过权衡和综合一个人对行为表现的显著结果的评价而形成的，权重是对每个结果的判断可能性（Ajzen et al.[197]，1980；Fishbein et al.[198]，2009）。对行为表现的显著结果的评价即为消费者对行为收益的预期，也就是消费者信任。对行为预期收益的负面期望导致了消费者不信任，进而形成对行为的消极态度。大量的研究已证实消费者信任对行为态度的显著正向影响（Wu et al.[199]，2005；Bruhn et al.[200]，2007；Siegrist et al.[201]，2008；Botonaki et al.[202]，2010；McComas et al.[203]，2014），Siegrist et al.（2008）指出对食品行业的信任是解释消费者对使用纳米技术生产的食品的态度的重要因素[201]，McComas et al.（2014）讨论了消费者感知政策制定者公平性对于培养消费者对转基因产品积极态度的重要性[203]。

消费者对国产婴幼儿配方乳粉的积极态度的形成取决于对产品安全属性的正面预期，消费者在整合分析不同主体传达的产品安全信息后权衡和综合评价购买国产婴幼儿配方乳粉的行为预期结果，负面的行为预期结果导致消费者对国产婴幼儿配方乳粉的安全不信任，进而对购买国产婴幼儿配方乳粉产生消极态度。消费者越信任生产企业、媒体、专家等社会关系传达的国产婴幼儿配方乳粉安全的信息，越信任政府对国产婴幼儿配方乳粉安全的监管工作，越怀疑进口婴幼儿配方乳粉安全，实施国产婴幼儿配方乳粉购买行为的态度将越积极。因此，本研究提出以下假说：

H11：安全信任对消费者购买国产婴幼儿配方乳粉的行为态度具有显著影响；

H11a：生产主体信任对消费者购买国产婴幼儿配方乳粉的行为态度具有显著正向影响；

H11b：政府信任对消费者购买国产婴幼儿配方乳粉的行为态度具有显著正向影响；

H11c：社会监管主体信任对消费者购买国产婴幼儿配方乳粉的行为态度具有显著正向影响；

H11d：进口产品信任对消费者购买国产婴幼儿配方乳粉的行为态度具有显著负向影响。

2. 安全信任与购买意愿之间的关系

实践和心理障碍都可能影响意愿，相关研究证明信任对消费者购买意愿的预测也发挥了重要作用（Krittinee et al.[14]，2017；Carfora et al.[165]，2019）。由于婴幼儿配方乳粉产品的高度安全敏感性，消费者对任何主体提供的产品安全信息的不信任均会对国产婴幼儿配方乳粉购买意愿产生显著影响。消费者对政府、生产主体和社会监管主体的产品安全保障工作越信任，对进口产品越怀疑，国产婴幼儿配方乳粉购买意愿也就越强烈。因此，本研究提出以下假说：

H12：安全信任对消费者国产婴幼儿配方乳粉购买意愿具有显著影响；

H12a：生产主体信任对消费者国产婴幼儿配方乳粉购买意愿具有显著的正向影响；

H12b：政府信任对消费者国产婴幼儿配方乳粉购买意愿具有显著的正向影响；

H12c：社会监管主体信任对消费者国产婴幼儿配方乳粉购买意愿具有显著的正向影响；

H12d：进口产品信任对消费者国产婴幼儿配方乳粉购买意愿具有显著的负向影响。

（四）人口统计特征的调节作用

结合中国婴幼儿配方乳粉市场所表现出的现实问题以及现有文献研究，本书发现消费者人口统计特征对安全信任与国产婴幼儿配方乳粉购买行为关系存在调节作用。研究背景中提出，现实数据显示一、二线城市和三、四线城市的消费者的婴幼儿配方乳粉购买行为存在显著差异，一、二线城市和三、四线城市的婴幼儿配方乳粉消费者的主要差别在于人口统计特征，说明人口统计特征对安全信任与国产婴幼儿配方乳粉购买行为之间作用关系具有调节作用。结合消费者行为理论、婴幼儿配方乳粉产品特点及相关文献，本研究提出性别、孩子数量、家庭所有成员月收入、受教育程度和生活区域五个人口统计特征变量会对安全信任与国产婴幼儿配方乳粉购买行为之间作用关系起到显著调节作用。

性别方面，大量研究证实性别差异会显著影响消费者购买意愿或行为（戴化勇等[204]，2016；Shahsavar et al.[205]，2020；易行健等[206]，2015）。比起女性消费者，男性消费者较缺乏生活用品的购买经验，更容易冲动消费。在大多数中国家庭中，女性照顾孩子，负责生活用品的购买，婴幼儿与母亲相处的时间远多于与父亲相处的时间，女性对于婴幼儿的喜好以及食用产品后的反应了解得更加全面，具有丰富的购买经验，选购婴幼儿配方乳粉时也就相对理性。

孩子数量方面，此变量是根据婴幼儿配方乳粉产品特征分析得到的，未找到证实该变量对购买行为产生影响的相关研究。在实施全面两孩政策的背景下，很多家庭中有两个或以上的孩子，相比只有一个孩子的消费者，家中有两个或以上孩子的消费者拥有相对丰富的购买经验，甚至已经对特定产品形成了品牌忠诚，他们的购买行为可能会受到更少的因素影响。另外，有两个或以上孩子的消费者可能消费能力也相对偏低。

家庭所有成员月收入方面，很多研究证实收入显著影响消费者购买意愿或行为（Shahsavar et al.[205]，2020；王娜等[207]，2016；李凤等[208]，2015；张露等[209]，2014；刘瑞峰[210]，2014；刘宇翔[211]，2013）。作为安全敏感度最高的产品之一，安全信任是影响消费者婴幼儿配方乳粉购买行为的主要因素。但收入相对较低的消费者不得不考虑产品的价格因素，导致安全信任对其购买行为的影响程度可能会有所下降。

受教育程度方面，现有研究证明消费者的受教育程度会对其购买意愿或行为产生显著影响（Shahsavar et al.[205]，2020；吴春雅等[212]，2019；刘呈庆等[213]，2017；于雪等[214]，2013；钟甫宁等[215]，2010）。在选购婴幼儿配方乳粉过程中，消费者会通过各种渠道搜集产品安全的相关信息，受教育程度的不同可能会导致不同消费者对同一产品信息产生不同的看法，进而对消费者的购买意愿或行为产生影响。另外，一般情况下，受教育程度越低，可能对某一具体行为的执行能力也会越低。

生活区域方面，此变量是根据中国婴幼儿配方乳粉产品市场特征分析得来的。研究背景中提出国产和进口婴幼儿配方乳粉在不同地区的市场占有率存在较大差异，国产婴幼儿配方乳粉的市场集中在二、四线城市，而进口婴幼儿配方乳粉的市场集中在一、二线城市。一般情况下，某地区的市场占有率与销售主体在该地区的营销宣传力度有着密切的联系。营销宣传力度越大，该地区消费者对产品的认知越深入，购买意愿和行为受到的影响越强烈。另外，不同地区消费者的产品选择可能还会受到收入、购买便利度等客观条件的限制。由于人口统计特征对具体变量之间关系的调节作用可能存在交叉情况且相对复杂，在现有文献研究中人口统计特征因素所起的调节作用的方式并不明确，故本研究提出以下假说：

H13：人口统计特征对安全信任影响国产婴幼儿配方乳粉购买行为具有调节作用；

H13a：性别对安全信任影响国产婴幼儿配方乳粉购买行为具有调节作用；

H13b：孩子数量对安全信任影响国产婴幼儿配方乳粉购买行为具有调节作用；

H13c：家庭所有成员月收入对安全信任影响国产婴幼儿配方乳粉购买行为具有调节作用；

H13d：受教育程度对安全信任影响国产婴幼儿配方乳粉购买行为具有调节作用；

H13e：生活区域对安全信任影响国产婴幼儿配方乳粉购买行为具有调节作用。

二、理论模型构建

(一) 模型构建

本研究以信息不对称理论、消费者行为理论以及计划行为理论作为理论基础，结合中国文化背景和婴幼儿配方乳粉产品特性划分了安全信任维度，修正扩展了传统计划行为理论模型，构建了能够反映将"主观规范"替换为"面子意识"和"群体意识"后的修正计划行为理论中变量之间关系、引入安全信任后的扩展计划行为理论中变量之间关系以及人口统计特征因素对安全信任与购买行为之间关系的调节作用的理论模型（图 3-1）。基于此研究模型，本研究试图解决 3 个问题：问题一，基于中国文化背景，修正后的计划行为理论模型能否更好地解释消费者国产婴幼儿配方乳粉购买行为；问题二，扩展后的修正计划行为理论是否提高了国产婴幼儿配方乳粉购买行为的解释力，安全信任的四个维度对国产婴幼儿配方乳粉购买行为的影响机理是什么；问题三，性别、受教育程度、家庭所有成员月收入、孩子数量、生活区域 5 个人口统计特征变量对安全信任与国产婴幼儿配方乳粉购买行为之间关系的调节作用是什么，也就是，安全信任对不同特征的消费者国产婴幼儿

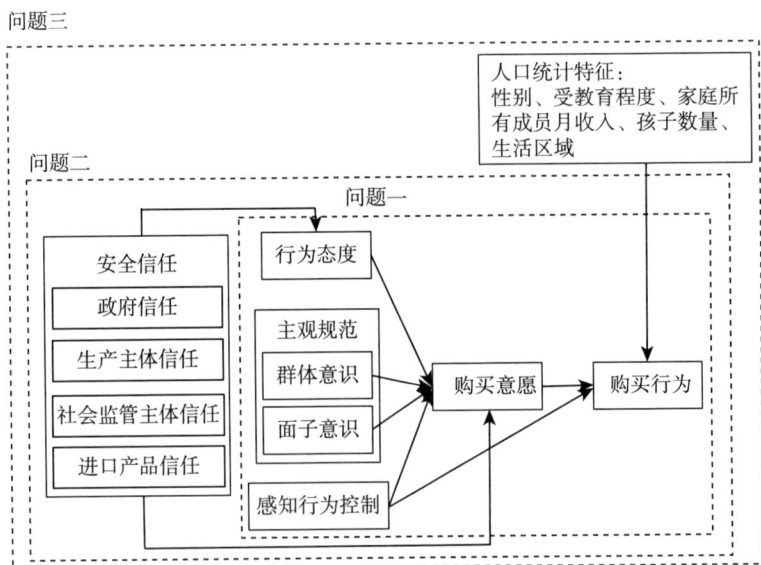

图 3-1　本研究的理论模型

配方乳粉购买行为的影响方式是否存在差异。

在图 3-1 中，最内层的虚线框内描述了修正后的计划行为理论中变量之间的逻辑关系，反映了消费者实施婴幼儿配方乳粉购买行为的心理变化，回答了本研究第一个问题。次外层虚线框内描述了扩展后的修正计划行为理论中变量之间的逻辑关系，自变量为安全信任，因变量为修正计划行为理论的逻辑链条，次外层虚线框内的是本研究的关键部分，回答了本研究第二个问题，探究了安全信任对国产婴幼儿配方乳粉购买行为的影响机理。最外层虚线框内在扩展计划行为理论的逻辑链条基础上引入了性别、受教育程度、家庭所有成员月收入、孩子数量、生活区域 5 个人口统计变量作为调节变量，回答了本研究第三个问题，探讨了安全信任对国产婴幼儿配方乳粉购买行为的影响方式在不同消费群体之间存在的异质性。

（二）研究问题与理论假说的对应

本书根据研究问题、相关理论以及变量之间的逻辑关系，经过细致的逻辑推理，提出了 3 组共 12 个理论假说，如表 3-1 所示。第一组假说中，H1 是根据中国婴幼儿配方乳粉市场现状提出的基本假说，保证了后文假说的明确提出。第二组假说中，H2 到 H9 是修正计划行为理论模型中各变量之间的逻辑关系的假说，其中，H2 和 H3 是传统计划行为理论和修正计划行为理论对购买意愿和购买行为解释力的假说，其余的假说是消费者实施国产婴幼儿配方乳粉购买行为时心理变化过程各变量之间关系的假说。第三组假说中，H10 到 H12d 是安全信任与国产婴幼儿配方乳粉购买行为之间关系的假说，H10 是扩展计划行为理论对购买意愿和购买行为解释力的假说，H11a 到 H11d 是安全信任通过行为态度间接影响消费者国产婴幼儿配方乳粉购买行为的假说，H12a 到 H12d 是安全信任通过购买意愿间接影响消费者国产婴幼儿配方乳粉购买行为的假说，H13a 到 H13e 是性别、受教育程度、家庭所有成员月收入、孩子数量、生活区域 5 个人口统计特征变量对安全信任与国产婴幼儿配方乳粉购买行为之间关系的调节作用的假说。本研究将利用 SPSS 和 AMOS 统计软件，对通过实地调查所获得的数据进行实证分析，针对本节所提出的假说进行验证，进而回答研究问题。

表 3-1　本书研究假说汇总表

假说	假说内容
H1	中国婴幼儿配方乳粉市场中多数消费者认为进口婴幼儿配方乳粉是更好的选择
H2	传统计划行为理论对消费者国产婴幼儿配方乳粉购买意图和行为具有一定的解释力
H3	相比传统计划行为理论，修正计划行为理论提高了对消费者国产婴幼儿配方乳粉购买意愿和行为的解释力
H4	行为态度对国产婴幼儿配方乳粉购买意愿有显著正向影响
H5	面子意识对消费者国产婴幼儿配方乳粉购买意愿具有显著负向影响
H6	群体意识对消费者国产婴幼儿配方乳粉购买意愿具有显著负向影响
H7	感知行为控制对消费者国产婴幼儿配方乳粉购买意图具有显著正向影响
H8	感知行为控制对消费者国产婴幼儿配方乳粉购买行为具有正向影响
H9	购买意图对国产婴幼儿配方乳粉购买行为具有显著的正向影响
H10	相比修正计划行为理论，扩展计划行为理论进一步提高了对消费者国产婴幼儿配方乳粉购买意愿和行为的解释力
H11a	生产主体信任对消费者购买国产婴幼儿配方乳粉的行为态度具有显著正向影响
H11b	政府信任对消费者购买国产婴幼儿配方乳粉的行为态度具有显著正向影响
H11c	社会监管主体信任对消费者购买国产婴幼儿配方乳粉的行为态度具有显著正向影响
H11d	进口产品信任对消费者购买国产婴幼儿配方乳粉的行为态度具有显著负向影响
H12a	生产主体信任对消费者国产婴幼儿配方乳粉购买意愿具有显著的正向影响
H12b	政府信任对消费者国产婴幼儿配方乳粉购买意愿具有显著的正向影响
H12c	社会监管主体信任对消费者国产婴幼儿配方乳粉购买意愿具有显著的正向影响
H12d	进口产品信任对消费者国产婴幼儿配方乳粉购买意愿具有显著的负向影响
H13a	性别对安全信任影响国产婴幼儿配方乳粉购买行为具有调节作用
H13b	孩子数量对安全信任影响国产婴幼儿配方乳粉购买行为具有调节作用
H13c	家庭所有成员月收入对安全信任影响国产婴幼儿配方乳粉购买行为具有调节作用
H13d	受教育程度对安全信任影响国产婴幼儿配方乳粉购买行为具有调节作用
H13e	生活区域对安全信任影响国产婴幼儿配方乳粉购买行为具有调节作用

　　资料来源：根据前文整理。

三、本章小结

　　本章对现有相关研究成果进行查阅、归纳与总结，试图将经济学中的信息不对称理论与心理学中的消费者行为理论和计划行为理论相结合，探究分析安全信任对消费者国产婴幼儿配方乳粉购买行为的影响机理。首先，在消费者行为理论的基础上结合中国文化背景对传统计划行为理论进行了修正；其次，依据信息不对称理论探究婴幼儿配方乳粉产品特性后，将安全信任引入修正计划行为理论形成了扩展计划行为理论，并从信任对象的角度对安全信任进行了划分；最后，结合消费者行为理论，引入人口统计特征变量，探究其对安全信任和购买行为之间关系的调节作用。在此基础上，构建了安全信任对消费者国产婴幼儿配方乳粉购买行为影响机理的理论模型，并提出了13 个理论研究假说。

第四章 安全信任对国产婴幼儿配方乳粉购买行为影响机理的问卷设计和研究方法

一、问卷设计

（一）测量变量的设计

为了更加全面而准确地获得婴幼儿配方乳粉消费者的真实想法，量表设计遵循以下三条原则：第一，避免变量的测量题项之间重复；第二，语言表述简洁且通俗易懂，尽量减少因被调查者理解错误而获得错误信息。

本研究需要量表测量的变量包括传统、修正以及扩展计划行为理论中的各变量。传统和修正计划行为理论中的变量包括行为态度、主观规范、面子意识、群体意识、感知行为控制、购买意愿和购买行为 7 个变量，扩展计划行为理论中增加的变量为安全信任的 4 个维度，分别为生产主体信任、政府信任、社会监管主体信任、进口产品信任。除购买行为之外其他变量均采用 Likert 七级量表测量，范围从 1 到 7 代表同意或信任的程度从 1 到 7 逐渐增强，例如，完全不信任、很不信任、有点不信任、不确定、有点信任、很信任、完全信任。

1. 传统和修正计划行为理论中变量的测量

（1）行为态度的测量。行为态度是指消费者对实施国产婴幼儿配方乳粉购买行为积极或消极程度的评估。考虑到婴幼儿配方乳粉的高度安全敏感性，消费者对国产婴幼儿配方乳粉的评估主要涉及产品安全和营养两方面，本研究对行为态度的测量集中在消费者决策的正确性、有益性和安全性三方

面。通过查阅相关文献，本研究对行为态度的测量主要参考了被引用较多的
Armitage et al.（1999）[216]的研究，以及 Qi et al.（2019）[25]关于消费者绿
色食品购买意愿的研究，具体见表 4 - 1。

表 4 - 1　行为态度测量量表

潜变量	编号	观测变量	量表来源
行为态度（AT）	AT1	我感觉为自己的孩子购买国产婴幼儿配方乳粉是明智的	Armitage et al.（1999）[216]、Qi et al.（2019）[25]
	AT2	我感觉为自己的孩子购买国产婴幼儿配方乳粉对其身体发育是有益的	
	AT3	我感觉为自己的孩子购买国产婴幼儿配方乳粉是安全的	

资料来源：根据相关资料整理。

（2）主观规范的测量。主观规范是指消费者在思考是否实施国产婴幼儿
配方乳粉购买行为时所感受到的社会压力，消费者感受到的社会压力来自周
围环境和消费者自身。对于消费者来说，选购婴幼儿配方乳粉属于重要决
策，消费者受关系亲密的人（亲戚、朋友、同事等）和敬重仰慕的人影响较
大。通过查阅相关文献，本研究对主观规范的测量主要参考了被引用较多的
Armitage et al.（1999）[216]、李东进等（2009）[29] 和 Yazdanpanah et al.
（2015）[217]的研究，具体见表 4 - 2。

表 4 - 2　主观规范测量量表

潜变量	编号	观测变量	量表来源
主观规范（SN）	SN1	我身边的人（亲戚、朋友、同事等）认为我应该为孩子购买进口婴幼儿配方乳粉	Armitage et al.（1999）[216]、李东进等（2009）[29]、Yazdanpanah et al.（2015）[217]
	SN2	我身边的人（亲戚、朋友、同事）希望我为孩子购买进口婴幼儿配方乳粉	
	SN3	我敬重仰慕的人希望我为孩子购买进口婴幼儿配方乳粉	

资料来源：根据相关资料整理。

（3）群体意识的测量。群体意识是指消费者在选购婴幼儿配方乳粉过程
中的心理意识容易受到群体影响，并趋向与群体的意见保持一致。在家庭主
义价值观的文化背景下，需要做出重要决策时中国消费者更依赖周围关系亲

密的群体的意见或行为，并倾向于遵从亲密关系群体意见或与亲密关系群体行为保持一致。本研究参考了李东进等（2009）[29]和 Qi et al.（2019）[25]研究中针对群体意识的量表设计，并结合婴幼儿配方乳粉产品特点做出了调整，具体见表4-3。

表4-3　群体意识测量量表

潜变量	编号	观测变量	量表来源
群体意识 （GC）	GC1	如果绝大部分亲戚、朋友、同事认为应该购买进口婴幼儿配方乳粉，下次选购时我会为孩子购买进口婴幼儿配方乳粉	李东进等（2009）[29]、 Qi et al.（2019）[25]
	GC2	如果绝大部分亲戚、朋友、同事都购买进口婴幼儿配方乳粉，下次选购时我会为孩子购买进口婴幼儿配方乳粉	

资料来源：根据相关资料整理。

（4）面子意识的测量。面子意识是指，通过购买大多数人认为比较高档的进口婴幼儿配方乳粉在社交活动中避免失去、维护和提升面子的观念，在一定程度上影响着消费者的行为意向，个体为了得到社会的赞赏可能会购买进口婴幼儿配方乳粉。消费者认为其购买进口婴幼儿配方乳粉的做法会得到周围群体（与其关系亲密的亲戚、朋友和同事）对其行为的积极响应，因此获得心理满足。本研究参考了李东进等（2009）[29]和 Qi et al.（2019）[25]研究中针对面子意识的量表设计，并结合婴幼儿配方乳粉产品特点做出了调整，具体见表4-4。

表4-4　面子意识测量量表

潜变量	编号	观测变量	量表来源
面子意识 （FC）	FC1	亲戚、朋友、同事认为购买进口婴幼儿配方乳粉能凸显我的身份和品味	李东进等（2009）[29]、 Qi et al.（2019）[25]
	FC2	自己的孩子喝进口婴幼儿配方乳粉会得到亲戚、朋友、同事等身边的人的尊重	
	FC3	自己的孩子喝进口婴幼儿配方乳粉很有面子	

资料来源：根据相关资料整理。

（5）感知行为控制的测量。感知行为控制是指消费者对购买进口婴幼儿配方乳粉的难易程度的感知，反映了消费者购买进口婴幼儿配方乳粉过去的经验和预期的障碍。消费者对购买进口婴幼儿配方乳粉的感知行为控制程度与消费者所具备的机会和资源等非动机因素相关。在大多数消费者印象中，进口婴幼儿配方乳粉是昂贵的、购买渠道较少的，因此，非动机因素主要包括金钱、时间、机会、独立决策的能力等。本研究参考了 Armitage et al.（1999）[216]、Yazdanpanah et al.（2015）[217]和 Carfora et al.（2019）[165]研究中针对感知行为控制的量表设计，具体见表 4-5。

表 4-5　感知行为控制测量量表

潜变量	编号	观测变量	量表来源
感知行为控制（PBC）	PBC1	如果我想要，我就能很容易地买到进口婴幼儿配方乳粉	Armitage et al.（1999）[216]、Yazdanpanah et al.（2015）[217]、Carfora et al.（2019）[165]
	PBC2	我有充足的资源、时间和机会购买进口婴幼儿配方乳粉	
	PBC3	我觉得进口婴幼儿配方乳粉是昂贵的	
	PBC4	我觉得购买进口婴幼儿配方乳粉并不方便	
	PBC5	是否购买进口婴幼儿配方乳粉只取决于我自己的意愿	

资料来源：根据相关资料整理。

（6）购买意愿和行为的测量。购买意愿是指消费者实际实施国产婴幼儿配方乳粉购买行为的意图，主要包括消费者再次选购婴幼儿配方乳粉时购买国产婴幼儿配方乳粉的可能性、向他人推荐国产婴幼儿配方乳粉的意愿以及对国产婴幼儿配方乳粉购买行为的支持程度。本研究参考了李东进等（2009）[29]、Zhang et al.（2018）[171]和 Chen（2017）[218]研究中针对购买意愿的量表设计，具体见表 4-6。另外，作为一种决策结果，购买行为仅通过"您经常购买的婴幼儿配方乳粉是进口的还是国产的"一个题项衡量，"国产"赋值为 1，"进口"赋值为 2。

2. 扩展计划行为理论中安全信任的测量

在假说提出部分中，本研究从信任对象的角度对安全信任进行了维度划分，包括生产主体信任、政府信任、社会监管主体信任和进口产品信任。通过查阅国内外文献，本研究仅发现了 3 篇从信任对象的角度对消费者绿色食品信任、消费者有机牛奶信任和消费者液态奶信任进行量表设计的国外文献（Krittinee et al.[14]，2017；Hoque et al.[145]，2018；Carfora et al.[165]，

2019）。为了更好地获取消费者对国产婴幼儿配方乳粉安全信任的数据信息，本研究在设计安全信任的测量量表之前与部分消费者进行了访谈。在文献和访谈的基础上，本研究设计了以下测量量表。

表4-6　购买意愿测量量表

潜变量	编号	观测变量	量表来源
购买意愿（PI）	PI1	下次购买时，相比进口奶粉我更愿意购买国产婴幼儿配方乳粉	李东进等（2009）[29]、Zhang et al.（2018）[171]、Chen（2017）[218]
	PI2	下次购买时，我选择国产婴幼儿配方乳粉的可能性比较大	
	PI3	下次购买时，我会首先考虑购买国产婴幼儿配方乳粉	
	PI4	当有人向我询问婴幼儿配方乳粉选购建议时，我会推荐国产的	
	PI5	我支持购买国产婴幼儿配方乳粉的做法	

资料来源：根据相关资料整理。

（1）生产主体信任的测量。生产主体是国产婴幼儿配方乳粉产品安全的决定者，消费者对生产主体向其传达的产品信息的信任程度是消费者对国产婴幼儿配方乳粉安全信任程度的关键影响因素。访谈过程中，一些消费者表示"国产奶粉的奶源存在很大问题，没有进口的安全""中国企业生产的奶粉喝着不放心""国产奶粉添加的营养成分没有进口的好""我家孩子喝了国产奶粉拉稀，孩子也不爱喝"等。整理分析总结消费者访谈内容，参考Carfora et al.（2019）[165]的研究后，本研究从生产标准、生产企业重视程度、生产企业控制能力、宣传信息真实性和奶源安全性5方面设计了生产主体信任的测量量表，具体见表4-7。

（2）政府信任的测量。政府是婴幼儿配方乳粉生产企业的主要监督者，对保证国产婴幼儿配方乳粉产品安全和消费者权益起到重要作用。三鹿奶粉事件后，虽然政府一直严格监控国产婴幼儿配方乳粉的产品安全，但访谈中发现部分消费者对于政府对国产婴幼儿配方乳粉产品安全的重视程度和监管能力存在一定程度的怀疑，对于相比国外较为宽松的国内生乳质量安全检测标准缺乏信心。在此基础上，结合 Krittinee et al.（2017）[14] 和 Carfora et al.（2019）[165]的研究，本研究从生产标准、监管法规、处罚力度以及重视程度 4 方面设计了政府信任的测量量表，具体见表 4 - 8。

表 4 - 7 生产主体信任测量量表

潜变量	编号	观测变量	量表来源
生产主体信任（PT）	PT1	中国婴幼儿配方乳粉生产企业会严格遵循婴幼儿配方乳粉生产标准	Carfora et al.（2019）[165]
	PT2	中国婴幼儿配方乳粉生产企业特别注重保证产品安全	
	PT3	中国婴幼儿配方乳粉生产企业能够控制产品安全	
	PT4	中国婴幼儿配方乳粉生产企业宣传的产品安全信息是真实的	
	PT5	中国奶农生产的生牛乳（即婴幼儿配方乳粉的奶源）符合安全标准	
	PT6	中国企业生产的婴幼儿配方乳粉是安全有保障的	

资料来源：根据相关资料整理。

表 4 - 8 政府信任测量量表

潜变量	编号	观测变量	量表来源
政府信任（GT）	GT1	政府发布的国产婴幼儿配方乳粉产品安全信息是真实的	Krittinee et al.（2017）[14]、Carfora et al.（2019）[165]
	GT2	政府能够把控国产婴幼儿配方乳粉的产品安全	
	GT3	政府制定的婴幼儿配方乳粉生产标准是严格的	
	GT4	政府制定的婴幼儿配方乳粉监管法规是健全的	
	GT5	政府会对违规企业严格依法惩处	
	GT6	婴幼儿配方乳粉监管部门不会受到其他组织的不当影响	
	GT7	政府特别注重婴幼儿配方乳粉产品安全	
	GT8	我对中国政府控制的婴幼儿配方乳粉的产品安全充满信心	

资料来源：根据相关资料整理。

（3）社会监管主体信任的测量。社会监管主体是生产主体的次要监管者和产品信息的传播者，是消费者获取婴幼儿配方乳粉产品安全信息的主要渠道，对消费者决策产生重要影响。访谈中发现大多消费者通过微信公众号、母婴群等渠道获取产品信息，少数消费者通过专家、报纸等渠道了解产品。结合 Hoque et al.（2018）[145] 的研究，本研究从媒体*、报纸、专家和第三方检测机构 4 方面设计了社会监管主体信任的测量量表，具体见表 4-9。

表 4-9　社会监管主体信任测量量表

潜变量	编号	观测变量	量表来源
社会监管主体信任（ST）	ST1	媒体报道的国产婴幼儿配方乳粉安全信息大部分是真实的	Hoque et al.（2018）[145]
	ST2	报纸报道的国产婴幼儿配方乳粉安全信息大部分是真实的	
	ST3	专家对国产婴幼儿配方乳粉的安全鉴定是真实的	
	ST4	第三方检测机构对国产婴幼儿配方乳粉的质量认证是真实的	

资料来源：根据相关资料整理。

（4）进口产品信任的测量。在消费者对进口婴幼儿配方乳粉信任程度较高的情况下，他们可能不会考虑是否信任国产婴幼儿配方乳粉产品安全，直接选购进口婴幼儿配方乳粉。访谈中一些消费者表示"进口奶粉的配方比国产的好，孩子喝了不爱生病""国外奶牛养殖环境好，奶源更安全，奶粉比国产的更营养""国外产的奶粉标准更加严格，不容易出错"。基于以上访谈信息，参考 Krittinee et al.（2017）[14] 的研究，本研究从消费者对进口婴幼儿配方乳粉产品安全的主观认知和客观了解两方面设计了测量量表，具体见表 4-10。

表 4-10　进口产品信任测量量表

潜变量	编号	观测变量	量表来源
进口产品信任（IT）	IT1	与国产相比，进口婴幼儿配方乳粉产品安全更有保障	Krittinee et al.（2017）[14]
	IT2	与国产相比，进口婴幼儿配方乳粉产品安全更值得信任	
	IT3	与国产相比，进口婴幼儿配方乳粉更有利于宝宝的健康发育	

资料来源：根据相关资料整理。

＊ 本书中的媒体主要是指报纸之外的媒体。——编者注

（二）量表调整与问卷开发

为了减少各变量的测量量表中语句重复、歧义等问题，需要寻求经验人士审阅后做进一步修改。本研究首先将量表通过电子问卷的方式发送给 5 名不同年龄、学历、工作和地区的消费者，请求他们帮忙填写并提出修改意见，5 名消费者均反馈少数题目存在重复且问卷较长。在仔细思考消费者反馈意见后，分别与导师、其他专业老师和专业同学探讨量表的修改方式。在老师和同学的帮助下，进一步修改了量表中存在的语义歧义问题，并且删除了重复题项，分别是感知行为控制中的 $PBC5$、生产主体信任中的 $PT6$ 和政府信任中的 $GT1$、$GT2$ 和 $GT8$。

在测量量表的基础上，结合本书的研究内容和问卷设计的基本范式，设计了用于预调研的问卷初稿。整体问卷设计分为三个部分：第一部分向被调查者简单介绍了调查者基本信息、调研目的以及数据用途，以期被调查者能够认真作答；第二部分是扩展计划行为理论中各变量的测量；第三部分是为了研究不同群体中安全信任与购买行为之间关系的差别，对被调查者的人口统计特征情况进行的简单了解，包括性别、年龄、职业、家庭人均收入、常住地址、孩子数量等基本信息。

（三）预调研

为了保证在正式调研中能够获取质量较高的数据资料，本研究进行了小规模的预调研。为了提高数据的代表性，本研究分别在北京、广州、哈尔滨和呼和浩特 4 个地区各发放 20 份调查问卷。由于调研对象的居住地点具有强烈的分散性，本研究采用电子问卷的方式收集数据。预调研共收回 80 份问卷，全部为有效问卷。

本研究利用 SPSS22.0 对预调研数据进行了信度和效度分析。信度方面，除感知行为控制外，其他变量的 $Cronbach's\ \alpha$ 系数值均大于 0.7，将感知行为控制的测量题项 $PBC3$ 和 $PBC4$ 删除后，感知行为控制 $Cronbach's\ \alpha$ 系数值变为 0.741，达到研究要求。主观规范和进口产品信任的 $Cronbach's\ \alpha$ 系数值虽然符合研究要求，但删除主观规范的测量题项 $SN3$ 和进口产品信任的测量题项 $IT3$ 后，两个变量的 $Cronbach's\ \alpha$ 系数值均有所提升。效度方面，依据信度分析删除部分题项后，所有变量的 KMO 值均大于 0.500，且 Bartlett 的球形检验卡方值的显著性水平均为 0.000，表明问卷的效度较好。另外，大多数预调研的被调查者均反馈"问卷的语言简洁明了，回答起来比较轻松"，部分被调查者反馈了问卷中存在的语言歧义问题，通过与反馈者沟通，并询问专业老师后进一步修正问卷，得到了最终问卷。完整问卷详见附录，量表调整后的情况见表4-11。

表4-11 调整后各潜变量的量表设计情况

潜变量	观测变量编号	潜变量	观测变量编号
行为态度 AT	$AT1$、$AT2$、$AT3$	购买意愿 PI	$PI1$、$PI2$、$PI3$、$PI4$、$PI5$
主观规范 SN	$SN1$、$SN2$	生产主体信任 PT	$PT1$、$PT2$、$PT3$、$PT4$、$PT5$
群体意识 GC	$GC1$、$GC2$	政府信任 GT	$GT3$、$GT4$、$GT5$、$GT6$、$GT7$
面子意识 FC	$FC1$、$FC2$、$FC3$	社会监管主体信任 ST	$ST1$、$ST2$、$ST3$、$ST4$
感知行为控制 PBC	$PBC1$、$PBC2$	进口产品信任 IT	$IT1$、$IT2$

资料来源：根据本书内容整理。

二、数据收集

(一) 调研地点

前文提出，受到经济发展和社会环境的影响，不同地区消费者的婴幼儿配方乳粉购买行为存在较大差异。为了保证样本的代表性，本研究从东部、中部、西部和东北部选取北京、广州、郑州、呼和浩特、银川、哈尔滨、牡丹江共7个城市进行调研，调研地点包括全国各个等级的城市（一线城市为北京、广州；二线城市为郑州、哈尔滨；三线城市为呼和浩特、银川；四线城市为牡丹江），同时包括隶属于以上7个城市的县城及乡镇地区，保证样本既覆盖全国各区域，又体现经济发展和社会环境的差异性。

(二) 调研对象

由于本书的研究内容是国产婴幼儿配方乳粉购买行为，所以被调查者必须拥有婴幼儿配方乳粉的购买经历。拥有婴幼儿配方乳粉购买经历的消费者可以分为三类：第一类是正处于怀孕阶段，但已经购买过婴幼儿配方乳粉的消费者；第二类是正在婴幼儿配方乳粉的消耗阶段，短时间内需要经常购买的消费者；第三类是宝宝已超过年龄，但曾经购买过婴幼儿配方乳粉的消费者。前两类消费者全部是本研究的调研对象，但在第三类中大部分消费者已经长时间未购买过婴幼儿配方乳粉，他们对当前国产与进口婴幼儿配方乳粉产品安全情况的判断可能存在偏差。因此，本研究仅在第三类消费者中选取1年内购买过婴幼儿配方乳粉的消费者作为调研对象。综上，本研究的调研对象为正在购买或1年内购买过婴幼儿配方乳粉的消费者，同时必须是家庭中婴幼儿配方乳粉购买行为的决策者，以保证被调查者对婴幼儿配方乳粉购买过程的全面了解。

（三）调研方式及问卷回收

本研究通过网络电子问卷的方式收集调研数据，主要原因有两个：第一，绝大多数的婴幼儿配方乳粉消费者是40岁以下的中青年人，在此类人群中智能手机的覆盖率极高，基本不会在网络填写问卷过程中出现操作障碍；第二，调研地点具有较强的分散性，实地调研的时间、人力和金钱成本较高。2019年6月开始正式调研，主要通过微信和QQ社交网络平台向被调查者发送电子问卷，采用等样本滚雪球方法在每个调研地点发放100份问卷，共发700份问卷。截至2019年8月末，回收678份问卷，剔除明显随意作答的问卷，获取实际有效问卷为604份，回收问卷有效率为89.1%，其中在北京、广州、郑州、哈尔滨、呼和浩特、银川、牡丹江7个调研地点回收的有效问卷份数分别为81、82、85、90、90、86、90。

三、数据分析方法

为了实证检验第三章提出的理论假说，本书应用描述性统计分析、信度分析、效度分析、结构方程模型以及多群组结构方程模型进行数据分析。

（一）描述性统计分析

对获取的有效样本进行描述性分析，主要包括人口统计特征、消费者对国产婴幼儿配方乳粉的安全信任以及婴幼儿配方乳粉购买行为特征。并在总体分析消费者安全信任和购买行为特征后，以性别、孩子数量、家庭所有成员月收入、受教育程度和生活区域为变量，比较不同人口统计特征的消费者之间的安全信任和购买行为特征的差别，并采用独立样本 T 检验和单因素方差分析法实证分析不同群组之间的差异显著程度。

（二）信度和效度分析

由于需要利用结构方程模型进行数据分析，为了保证数据分析工作的顺利进行以及分析结果的有效性和准确性，首先需要检验量表的设计质量，即对数据进行信度和效度分析。

1. 信度分析

信度分析是为了检验每个变量的测量题项的内部一致性和稳定性。一致性高的问卷是指同一群人接受性质相同、题型相同、目的相同的各种问卷测量后，在各测量结果间显示出强烈的正相关。稳定性高的测量工具则是指一群人在不同时空下接受同样的测量工具时，结果的差异很小。通过信度的概念描述可以发现，数据采集时可能产生误差的原因在于研究人员和受访者。研究人员方面，可能出现测量内容（遣词造句、问题形式等）不当、情境（时间长短、气氛、前言说明等）不当以及研究者本身的疏忽（听错、记错等）；受访者方面，主要是受访者的个性、年龄、受教育程度、社会阶层及其他心理因素等，会影响答题时的准确性。

通过信度检验，可以了解测量工具本身是否优良适当，以作为修正改善的根据，可避免做出错误的判断。Cronbach's α 系数值是常用的评估多项目量表中各变量的内部一致性的指标，Cronbach's α 系数值的合理范围在 $0 \sim 1$ 之间，数值越大代表该变量的内部一致性越高。通常情况下，当 Cronbach's α 系数值小于 0.65，代表量表信度检验未通过，需重新设计量表，数值介于 $0.65 \sim 0.70$ 是最低可接受值，$0.70 \sim 0.80$ 代表信度良好，数值在 0.80 以上时代表信度非常好。因此，当 Cronbach's α 系数值在 0.7 以上时，表明该变量的量表信度较高（Hair et al.[219]，1998）。

2. 效度分析

信度分析仅测量了量表的内部一致性，但无法衡量变量的测量量表的构念是否达到了预期目标，需要运用效度分析去评估测量题项能够反映变量真实含义的能力。效度检验包括内容效度和建构效度两方面。

内容效度主要通过主观评价的方式进行衡量，如果测量题项全面且准确地表达了变量含义，表明该量表内容效度较高。在研究过程中可以从以下四方面提高调查问卷的内容效度：一是在阅读分析总结大量参考文献的基础上，构建研究的理论框架；二是在国内外已有的相关研究基础上设计测量量表；三是通过咨询专家和小规模访谈等方式修改完善问卷内容；四是开展问卷预调研检验，根据预调研结果进一步修正问卷。

建构效度是指问卷所能测量理论的特征的程度。建构效度又可以分为聚合效度和区别效度。其中，区别效度是指不同概念里的项目测量结果彼此相关程度低，聚合效度是指相同概念里的项目测量结果彼此相关程度高。一般通过 KMO 值、Bartlett 的球形检验值、标准化的因子负荷量、组合信度和平均方差抽取量 5 个指标进行衡量。当 KMO 值大于 0.500，Bartlett 的球形检验值在 95％水平上显著，标准化因子负荷量大于 0.600，组合信度大于 0.600，平均方差抽取量大于 0.500 时，表明量表效度良好（Hair et al.[219]，1998；Fornell et al.[220]，1981）。

（三）结构方程模型

很多科学研究中所设计的研究对象无法直接准确地测量，这些变量称为潜变量，比如本研究所涉及的安全信任、行为态度、面子意识等变量，潜变量可以由能够直接测量的具体指标从不同角度去间接测量。结构方程模型就是妥善处理潜变量之间的关系以及潜变量和显变量之间相互影响关系的一种常用社会经济统计分析技术。它是基于变量的协方差矩阵来分析变量之间关系的一种统计方法，也可称为协方差结构分析。另外，正常运行结构方程模型需要至少 100 个样本量（Loehlin[221]，1992），样本数与观察变量数的比例最好介于 10：1～15：1（Thompson[222]，2000）。本研究的观察变量数量为 32 个，样本量应介于 320～480 个，本研究的有效样本量 604 个，基本符合模型要求。

1. 基本结构

结构方程模型能同时处理测量变量、潜在变量、干扰或误差变量间的关系，分析并估计潜变量和观测变量对系统的作用路径及影响程度（吴明

隆[223]，2010）。结构方程模型包括结构模型和测量模型两部分，方程形式
如下：

$$X = L_x x + s \qquad (4-1)$$

$$Y = L_y h + e \qquad (4-2)$$

$$H = bh + gx + z \qquad (4-3)$$

（4-1）和（4-2）式是测量模型，X 和 Y 分别为外生潜变量和内生潜
变量的测量模型，L_x 和 L_y 分别为 X 和 Y 因素负荷量的系数矩阵；（4-3）
式是结构模型，h 和 x 分别为内生潜变量和外生潜变量，b 和 g 是相应的因
素负荷量矩阵；s、e 和 z 均为测量误差。

2. 分析步骤

应用结构方程模型探究安全信任对消费者国产婴幼儿配方乳粉购买行为
的影响，可分为 5 个步骤：

（1）模型设定：在模型估计之前，需要结合相关理论和已有文献设定假
说的初始理论模型。此步骤对应了本研究的第三章，在相关理论和文献综述
的基础上构建了安全信任和消费者国产婴幼儿配方乳粉购买行为关系的理论
模型。

（2）模型识别：这一步骤考察模型是否能够求出参数估计的唯一解。一
些情况下，模型设定出现错误，其参数不能识别，无法得出唯一的估计值，
因而模型误解。模型运算之前 AMOS 系统会自动进行识别判定，对于不能
识别的模型，系统会自动提示。因此，此步骤无需在书中赘述。

（3）模型估计：AMOS 系统可以用五种方法进行估计，被广泛使用的
是最大似然法和最小二乘法。本研究采用最大似然法对模型进行估计，对应
本研究的第六章。

（4）模型评价：估计出模型的参数值后，需要使用统计拟合指数评价模
型与数据的拟合度。常用的统计拟合指数主要有卡方自由度比（CMIN/
DF）、适配度指数（GFI）、非规准适配指数（TLI）、比较适配指数（CFI）、
增值适配指数（IFI）以及渐进残差均方和平方根（RMSEA）（Byrne[224]，
2010），TLI 和 CFI 不受样本量的影响，所以应该考察这两个指标（Medsker et
al.[225]，1994）。当模型拟合度良好时，卡方自由度比应小于 5（Bagozzi et
al.[226]，1988），GFI、TLI、CFI 和 IFI 的最低限值均为 0.90（Bagozzi et

al.[226]，1988），$RMSEA$ 值应小于 0.06（Hu et al.[227]，1999）。此部分内容对应第六、七章。

（5）模型修正：如果模型与样本数据的拟合度未通过，则需要对理论模型进行修正和再次设定。

（四）多群组结构方程模型

在行为经济学的研究中大多应用多群组结构方程模型分析调节变量的作用。为了探究人口统计特征变量在消费者安全信任与国产婴幼儿配方乳粉购买行为之间关系中所起到的作用，本书在第七章的第二部分采用了多群组结构方程模型的方法实证分析人口统计特征变量的调节作用。多群组结构方程模型是检验一个适配于某一样本群体的理论模型，是否也适配于其他样本群体的数据分析方法。首先，依据某一调节变量对样本进行分组。第七章介绍了本研究分别依据年龄、性别、受教育程度、学历和生活区域对样本进行分组。其次，对模型进行参数限制，构建不同的模型，识别估计后通过对比模型拟合度得到最适配的理论模型。本研究设定了 6 个模型进行适配度检验，分别为参数未限制模型、测量系数相等模型、结构系数相等模型、结构协方差相等模型、结构残差变量方差相等模型、测量残差变量方差相等模型。模型识别后，通过比较各模型的适配指标是否达到标准以选出最佳模型，若各模型的适配情况相差无几，可以通过比较 $ECVI$ 指标值的大小进行选择，$ECVI$ 指标值越小代表模型拟合度的波动性越小，$ECVI$ 指标值最小的模型即为最佳模型（吴明隆[223]，2010）。最后，比较每个调节变量的组别之间路径系数差异是否显著。

四、本章小结

本章主要进行了变量测量、问卷设计、数据收集和数据分析方法介绍四方面内容。首先，在借鉴已有文献的成熟量表和消费者深度访谈的基础上，全面考虑婴幼儿配方乳粉产品特点后，为扩展计划行为理论模型中行为态度、主观规范、面子意识、群体意识、感知行为控制、购买意愿、安全信任 7 个变量分别设计了测量量表；其次，在与消费者、专业老师和同学分析讨论后修正了量表，并设计了问卷初稿，预调研后根据信度效度分析和消费者的反馈进一步修改了语言歧义、重复等问题，最终形成了正式问卷；再次，通过向消费者发送电子问卷的方式在调研地点进行数据收集，共发放 700 份问卷，最终回收有效问卷 604 份；最后，简要介绍了本研究采用的数据分析方法，为后续的数据分析提供了理论指导。

第五章 消费者对国产婴幼儿配方乳粉安全信任和购买行为的描述性统计分析

一、样本人口统计特征

从表5-1可以看出,在604份有效问卷中,性别方面,受访者以女性为主,占比达70.7%,男性比例仅为29.3%,可能是婴幼儿阶段宝宝与母亲相处的时间更多,母亲更了解宝宝对婴幼儿配方乳粉的喜好,导致在大多数家庭中女性是婴幼儿配方乳粉购买的决策者。年龄方面,91.8%的受访者处于20~39周岁之间,符合大多数人的生育年龄,也证明受访者大多是孩子的父母,其中30~39周岁的受访者比例高于20~29周岁。受教育程度方面,86.1%的受访者是专科及专科以上的学历,表明受访者具有较强的分析判断能力,能够比较准确的作答问卷。家庭所有成员月收入方面,收入在5 001~8 000元、8 001~10 000元及10 001~15 000元之间的居多,比例分别为21.9%、16.6%、19.7%。孩子数量方面,虽然已全面实行二孩政策,但73.8%的受访者只有一个孩子,仅20.7%的受访者生了二孩。生活区域方面,43.0%的受访者居住在一、二线城市,36.6%的受访者居住在三、四线城市,20.4%的受访者居住在县城或乡镇。另外,57.5%的消费者的亲戚、朋友等关系亲密的人推荐其购买进口婴幼儿配方乳粉,验证了H1。

表 5-1 受访者的基本特征

变量	类别	数量	比例（%）
性别	男	177	29.3
	女	427	70.7
年龄	19 周岁以下	2	0.3
	20～29 周岁	234	38.7
	30～39 周岁	321	53.1
	40～50 周岁	47	7.8
受教育程度	高中及以下	84	13.9
	专科	127	21.0
	本科	277	45.9
	硕士	87	14.4
	博士	29	4.8
家庭所有成员月收入	3 000 元以下	38	6.3
	3 001～5 000 元	72	11.9
	5 001～8 000 元	132	21.9
	8 001～10 000 元	100	16.6
	10 001～15 000 元	119	19.7
	15 001～20 000 元	71	11.8
	20 001 元以上	72	11.9
孩子数量	0	22	3.6
	1	446	73.8
	2	125	20.7
	3	11	1.8
生活区域	一、二线城市	260	43.0
	三、四线城市	221	36.6
	县城或乡镇	123	20.4
关系亲密（亲戚、朋友等）的人推荐购买	国产	257	42.5
	进口	347	57.5

资料来源：根据样本数据整理。

二、消费者国产婴幼儿配方乳粉安全信任水平

（一）生产主体信任水平

消费者对生产主体的信任水平包括 5 个选项，从表 5－2 中可以看出，消费者对生产主体信任的测量均值为 4.75，表明消费者对生产主体的平均信任程度处于不确定和有点信任之间。在生产主体信任的 5 个测量变量中，消费者对测量变量 $PT1$ 和 $PT5$ 的同意程度最高，均值同为 4.85，说明消费者有点认同"中国婴幼儿配方乳粉生产企业和奶农生产的产品符合标准"的看法；消费者对测量变量 $PT4$ 的认同程度最低，均值为 4.54，说明消费者不太确定中国婴幼儿配方乳粉生产企业宣传的产品安全信息是否是真实的；消费者对生产企业控制产品安全的能力和意愿所持看法偏向于有点同意，$PT2$ 和 $PT3$ 的均值同为 4.75。

表 5－2　生产主体信任中各测量变量的描述性统计

潜变量	编号	测量题项	均值	标准差
生产主体信任	$PT1$	中国婴幼儿配方乳粉生产企业会严格遵循婴幼儿配方乳粉生产标准	4.85	1.540
	$PT2$	中国婴幼儿配方乳粉生产企业特别注重保证产品安全	4.75	1.604
	$PT3$	中国婴幼儿配方乳粉生产企业能够控制产品安全	4.75	1.583
	$PT4$	中国婴幼儿配方乳粉生产企业宣传的产品安全信息是真实的	4.54	1.560
	$PT5$	中国奶农生产的生牛乳（婴幼儿配方乳粉的奶源）符合安全标准	4.85	1.469
平均	—	—	4.75	1.551

资料来源：根据样本数据整理。

由图 5－1 可以看出，52.98% 的消费者对于中国婴幼儿配方乳粉生产企业会严格遵循生产标准的观点持同意态度，其中完全同意、很同意和有点同意的消费者占比分别为 19.04%、18.87% 和 15.07%；15.56% 的消费者不认为中国婴幼儿配方乳粉生产企业会严格遵循生产标准，其中完全不同意、很不同意和有点不同意的消费者占比分别为 2.32%、4.47% 和 8.77%；

31.46％的消费者不确定中国婴幼儿配方乳粉生产企业是否会严格遵循婴幼儿配方乳粉生产标准。由以上统计可以发现，大多数消费者认为中国婴幼儿配方乳粉生产企业会严格遵循政府制定的生产标准生产产品，这可能是由于三鹿奶粉事件后，政府加大了对生产企业违规行为的处罚力度，消费者考虑到生产企业高昂的违规成本，认为生产企业会主动遵循相关生产标准生产加工产品。

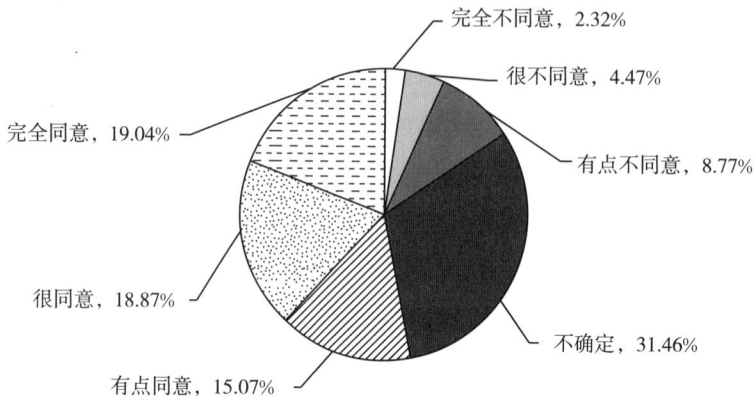

图 5-1　消费者对中国婴幼儿配方乳粉生产企业会严格遵循婴幼儿
配方乳粉生产标准的同意程度

由图 5-2 可以看出，52.81％的消费者认为中国婴幼儿配方乳粉生产企业会特别注重保证产品安全，其中完全同意、很同意和有点同意的消费者占比分别为 18.21％、17.88％和 16.72％；19.71％的消费者对中国婴幼儿配

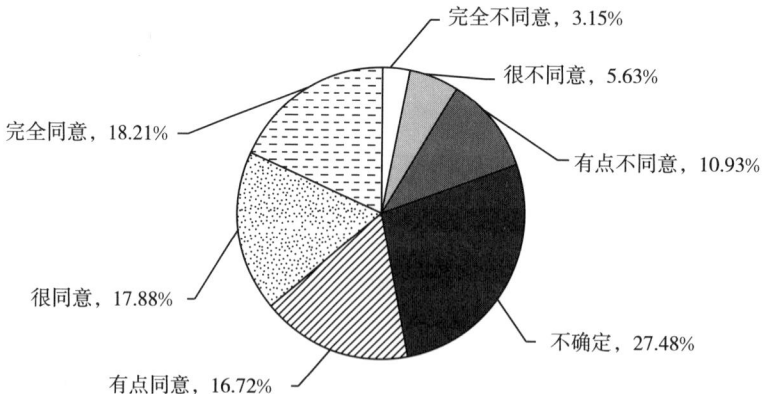

图 5-2　消费者对中国婴幼儿配方乳粉生产企业特别注重保证产品安全的同意程度

方乳粉生产企业会特别注重保证产品安全的观点持反对态度，其中完全不同意、很不同意和有点不同意的消费者占比分别为 3.15%、5.63% 和 10.93%；27.48% 的消费者不确定中国婴幼儿配方乳粉生产企业是否会特别注重保证产品安全。通过对调研数据的分析发现，超半数的消费者认为中国婴幼儿配方乳粉生产企业特别注重保证产品安全，笔者认为产生本结论的原因与 $PT1$ 题项下的分析一致，故在此不再赘述。

由图 5-3 可以得出，51.98% 的消费者认为中国婴幼儿配方乳粉生产企业有能力控制产品安全，其中完全同意、很同意和有点同意的消费者占比分别为 17.38%、18.21% 和 16.39%；18.21% 的消费者不认为中国婴幼儿配方乳粉生产企业能够控制产品安全，其中完全不同意、很不同意和有点不同意的消费者占比分别为 3.31%、5.30% 和 9.60%；29.80% 的消费者不确定生产企业是否能够控制产品安全。通过对以上数据的分析发现，超半数的消费者认为中国婴幼儿配方乳粉生产企业能够控制产品安全，因为生产企业是婴幼儿配方乳粉产品安全的第一责任主体，所以消费者有理由认为生产企业对产品安全具有较强的控制能力。

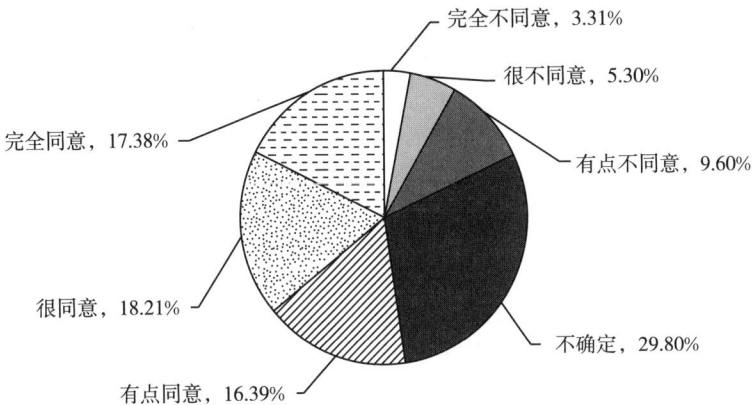

图 5-3　消费者对中国婴幼儿配方乳粉生产企业能够控制产品安全的同意程度

由图 5-4 可以得出，44.54% 的消费者认为中国婴幼儿配方乳粉生产企业宣传的产品安全信息是真实的，该比例明显低于 $PT1$、$PT2$ 和 $PT3$ 题项，其中完全同意、很同意和有点同意的消费者占比分别为 14.07%、15.07% 和 15.40%；20.53% 的消费者认为中国婴幼儿配方乳粉生产企业宣传的产品安全信息是虚假的，该比例明显高于 $PT1$、$PT2$ 和 $PT3$ 题项，其中完全不同意、很不同意和有点不同意的消费者占比分别为 4.47%、4.47% 和 11.59%；34.93% 的消费者不确定生产企业宣传的产品信息是否是真实的。由以上数据可以发现，仅不足半数消费者认为中国婴幼儿配方乳粉生产企业宣传的产品安全信息是真实的。这可能是因为，虽然国家市场监督管理总局在 2021 年 11 月发布了《关于进一步规范婴幼儿配方乳粉产品标签标识》的公告，要求婴幼儿配方乳粉标签内容不得虚假夸大等，但是大多数消费者未及时获取政府关于婴幼儿配方乳粉产品标签的国家标准，或者已经获得信息的消费者无法确认生产企业是否遵循国家标准制定标签，对于生产企业宣传的产品安全信息产生怀疑。

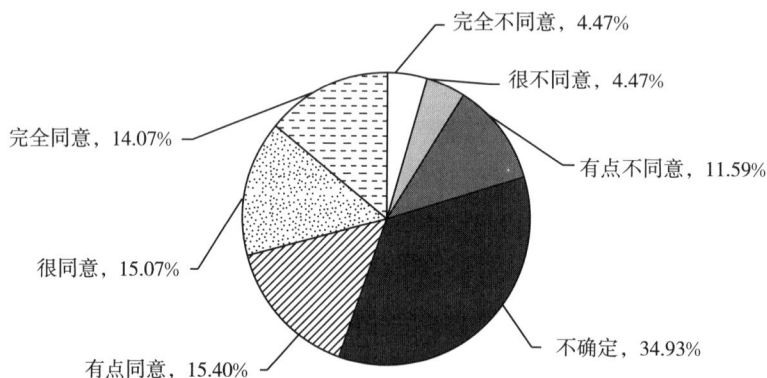

图 5-4　消费者对中国婴幼儿配方乳粉生产企业宣传的产品
安全信息真实的同意程度

由图 5-5 可以看出，54.81% 的消费者认为中国奶农生产的生牛乳（婴幼儿配方乳粉的奶源）是符合安全标准的，该比例略高于 $PT1$、$PT2$、$PT3$ 和 $PT4$ 题项，其中完全同意、很同意和有点同意的消费者占比分别为 17.72%、16.39% 和 20.70%；仅 13.08% 的消费者倾向于不认同中国奶农生产的生牛乳是符合安全标准的，该比例明显低于 $PT1$、$PT2$、$PT3$ 和 $PT4$ 题项，其中完全不同意、很不同意和有点不同意的消费者占比分别为 2.32%、3.64% 和 7.12%；32.12% 的消费者表示不确定中国奶农生产的生牛乳是否符合安全标准。通过以上数据可以发现，超过半数的消费者认为中国奶农生产的生牛乳符合安全标准，仅少部分的消费者认为不符合安全标准。可能的原因是，奶农处于婴幼儿配方乳粉的产业链低端，消费者认为处于产业链低端的奶农是相对弱势群体，违规能力有限，在现有的政策环境下违规成本较高，部分消费者更倾向于认同中国奶农生产的生牛乳符合安全标准。

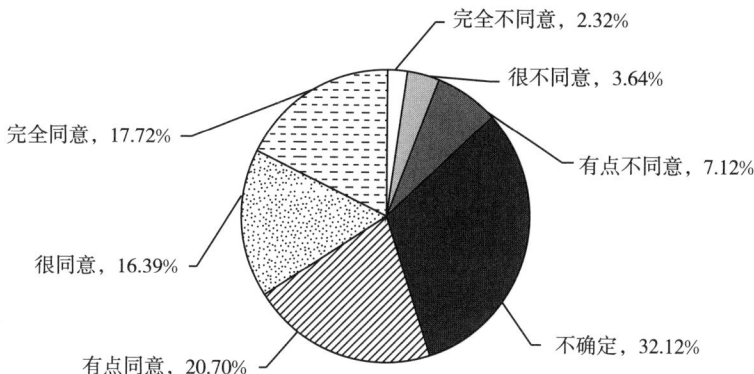

图 5-5　消费者对中国奶农生产的生牛乳（婴幼儿配方乳粉的奶源）
符合安全标准的同意程度

　　另外，对比分析图 5-1 至图 5-5 可以发现，多数消费者信任生产企业严格遵循生产标准，重视产品安全，具备控制产品安全的能力，传达产品真实信息，同时奶农生产的生牛乳符合安全标准，但每个维度均存在 30% 左右的消费者不确定生产主体相关行为的情况，这说明消费者与生产主体之间存在着信息不对称，需进一步将生产主体行为透明化。

（二）政府信任水平

　　从表 5-3 中可以看出，消费者对政府信任的测量均值为 5.10，表明消费者对政府的平均信任程度处于有点信任和很信任之间。在政府信任的 5 个测量变量中，消费者对测量变量 GT3、GT5 和 GT7 的同意程度较高，均处于有点同意和很同意之间，均值分别为 5.34、5.23、5.45，说明消费者认为政府制定的生产标准是比较严格的，比较重视国产婴幼儿配方乳粉的产品安全，对违规企业会依法惩处；消费者对 GT4 和 GT6 的认同度相对较低，处于不确定和有点同意之间，均值分别为 4.85 和 4.65，说明消费者对婴幼儿配方乳粉监管法规和是否存在隐蔽违规行为相对缺乏信任。

　　由图 5-6 可以得出，69.87% 的消费者认同政府制定的婴幼儿配方乳粉生产标准是严格的，其中完全同意、很同意和有点同意的消费者占比分别为

28.48%、24.67%和16.72%；仅10.10%的消费者认为政府制定的婴幼儿配方乳粉生产标准不够严格，其中完全不同意、很不同意和有点不同意的消费者占比分别为2.65%、2.32%和5.13%；20.03%的消费者不确定政府制定的婴幼儿配方乳粉生产标准是否严格。通过以上数据可以发现，大多数的消费者相信政府制定的婴幼儿配方乳粉生产标准是严格的。

表5-3 政府信任中各测量变量的描述性统计

潜变量	编号	测量题项	均值	标准差
	GT3	政府制定的婴幼儿配方乳粉生产标准是严格的	5.34	1.521
	GT4	政府制定的婴幼儿配方乳粉监管法规是健全的	4.85	1.533
政府信任	GT5	政府会对违规企业严格依法惩处	5.23	1.657
	GT6	婴幼儿配方乳粉监管部门不会受到其他组织的不当影响	4.65	1.607
	GT7	政府特别注重婴幼儿配方乳粉产品安全	5.45	1.507
平均	—	—	5.10	1.346

资料来源：根据样本数据整理。

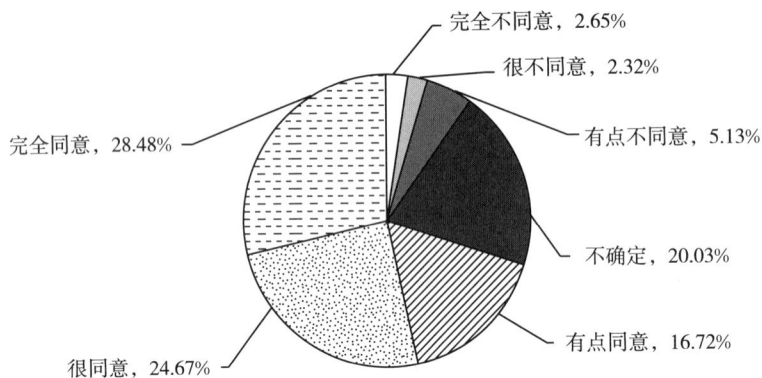

图5-6 消费者对政府制定的婴幼儿配方乳粉生产标准是严格的认同程度

由图5-7可以得出，55.30%的消费者认同政府制定的婴幼儿配方乳粉监管法规是健全的，其中完全同意、很同意和有点同意的消费者占比分别为18.05%、19.87%和17.38%；15.23%的消费者认为政府制定的婴幼儿配方乳粉监管法规不够健全，其中完全不同意、很不同意和有点不同意的消费者占比分别为3.81%、2.98%和8.44%；29.47%的消费者表示不确定政府制定的婴幼儿配方乳粉监管法规是否健全。综上所述，可以发现超半数的消费者相信政府制定的婴幼儿配方乳粉监管法规是比较健全的，但认同监管法规是健全的消费者比重不及认同生产标准是严格的消费者比重，这在一定程度上说明部分消费者认为政府关于婴幼儿配方乳粉的监管法规需要进一步健全。

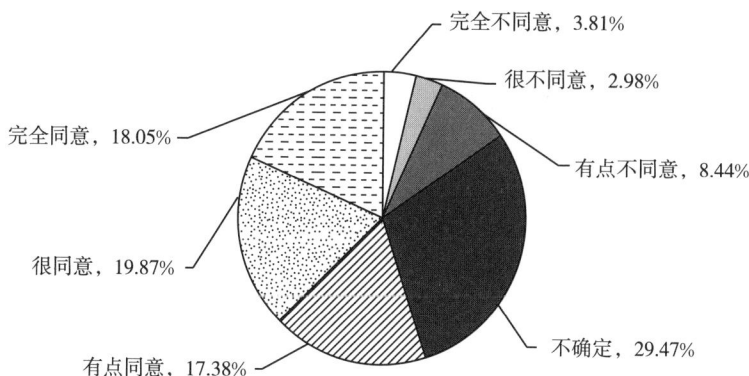

图5-7　消费者对政府制定的婴幼儿配方乳粉监管法规是健全的认同程度

由图5-8可以得出，66.88%的消费者认同政府会对违规企业严格依法惩处，其中完全同意、很同意和有点同意的消费者占比分别为30.79%、19.04%和17.05%；仅13.74%的消费者不认同政府会对违规企业严格依法惩处，其中完全不同意、很不同意和有点不同意的消费者占比分别为4.14%、2.65%和6.95%；19.37%的消费者表示不确定政府是否会对违规企业严格依法惩处。综上所述，可以发现大部分的消费者认为政府会对违规企业严格依法惩处。

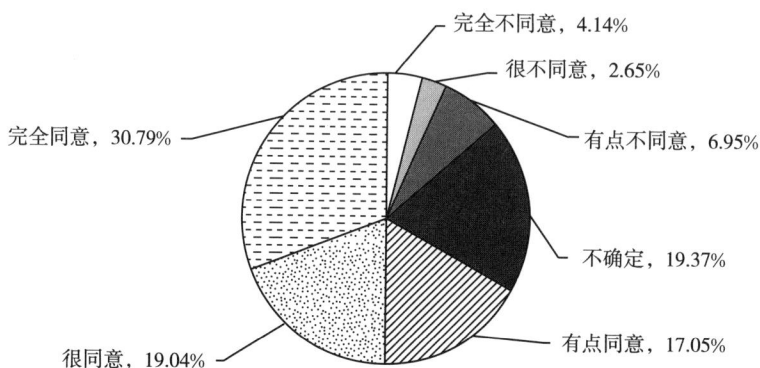

图5-8　消费者对政府会对违规企业严格依法惩处的认同程度

由图 5-9 可以得出，45.86％的消费者认同婴幼儿配方乳粉监管部门不会受到其他组织的不当影响，其中完全同意、很同意和有点同意的消费者占比分别为 18.38％、13.08％、14.40％；17.39％的消费者认为婴幼儿配方乳粉监管部门可能会受到其他组织的不当影响，其中完全不同意、很不同意和有点不同意的消费者占比分别为 5.13％、3.15％和 9.11％；而 36.75％的消费者表示不确定婴幼儿配方乳粉监管部门是否会受到其他组织的不当影响。综上所述，可以发现，虽然认同婴幼儿配方乳粉监管部门不会受到其他组织的不当影响的消费者比重最大，但仍存在较多消费者对婴幼儿配方乳粉监管部门的相关行为存在怀疑。可能的原因是婴幼儿配方乳粉监管部门的工作透明度有待进一步提升，或者消费者的认知度不够。

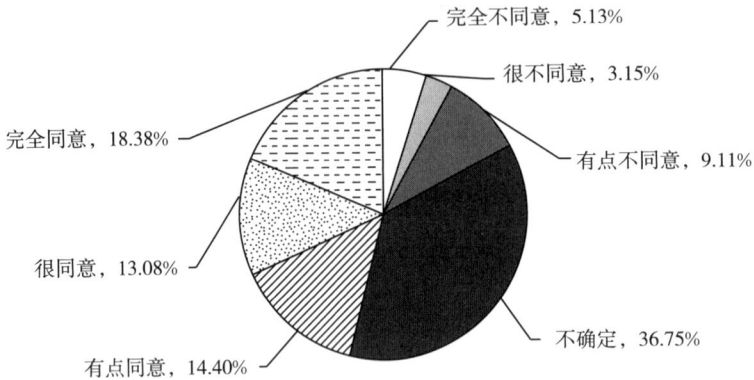

图 5-9　消费者对婴幼儿配方乳粉监管部门不会受其他组织的不当影响的认同程度

由图 5-10 可以得出，74.16％的消费者认为政府特别注重婴幼儿配方乳粉产品安全，其中完全同意、很同意和有点同意的消费者占比分别为 31.95％、23.34％和 18.87％；9.76％的消费者不认同政府特别注重婴幼儿配方乳粉产品安全，其中完全不同意、很不同意和有点不同意的消费者占比分别为 2.81％、1.32％和 5.63％；16.06％的消费者表示不确定政府是否特别注重婴幼儿配方乳粉产品安全。综上所述，可以发现大部分消费者相信政府对于婴幼儿配方乳粉的产品安全是特别注重的，仅少部分消费者表示不同意或不确定，而且相比题项 $GT3$、$GT4$、$GT5$、$GT6$，该题项的消费者认同比重最大。可能的原因是，虽然 2008 年三鹿奶粉事件影响恶劣，但事件发生后政府采取了一系列整改措施，消费者感受到了政府保障国产婴幼儿配方乳粉产品安全的决心，因此大多数消费者对于政府特别注重婴幼儿配方乳粉产品安全是比较认同的。

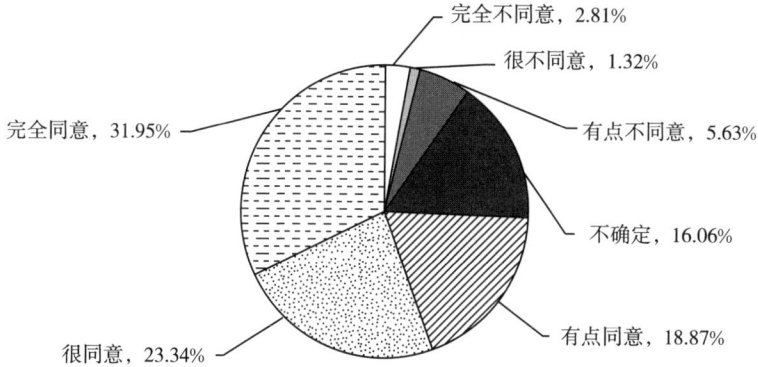

图 5 - 10　消费者对政府特别注重婴幼儿配方乳粉产品安全的认同程度

（三）社会监管主体信任水平

从表 5 - 4 中可以看出，消费者对社会监管主体信任的测量均值为 4.86，表明消费者对社会监管主体的平均信任程度处于不确定和有点信任之间。在社会监管主体信任的 4 个测量变量中，消费者对各社会监管主体的信任程度差别不大，均处于不确定和有点信任之间，消费者对第三方检测机构的信任度最高，媒体和专家次之，报纸最低。可能的原因是，信息是互通的，各社会监管主体发布的关于婴幼儿配方乳粉产品安全的信息存在一定程度的同质性。

表 5 - 4　社会监管主体信任中各测量变量的描述性统计

潜变量	编号	测量题项	均值	标准差
社会监管主体信任	ST1	媒体报道的国产婴幼儿配方乳粉安全信息大部分是真实的	4.89	1.537
	ST2	报纸报道的国产婴幼儿配方乳粉安全信息大部分是真实的	4.79	1.481
	ST3	专家对国产婴幼儿配方乳粉的安全鉴定是真实的	4.84	1.543
	ST4	第三方检测机构对国产婴幼儿配方乳粉的质量认证是真实的	4.91	1.465
平均	—	—	4.86	1.323

资料来源：根据样本数据整理。

由图 5-11 可以得出,56.79％的消费者认为媒体报道的国产婴幼儿配方乳粉安全信息大部分是真实的,其中完全同意、很同意和有点同意的消费者占比分别为 19.54％、15.56％和 21.69％;11.60％的消费者认为媒体报道的国产婴幼儿配方乳粉安全信息大部分不是真实的,其中完全不同意、很不同意和有点不同意的消费者占比分别为 4.64％、1.99％和 4.97％;而31.62％的消费者无法确定媒体报道的国产婴幼儿配方乳粉安全信息大部分是否真实。综上所述,可以发现超半数的消费者认为媒体报道的国产婴幼儿配方乳粉安全信息大部分是真实的。

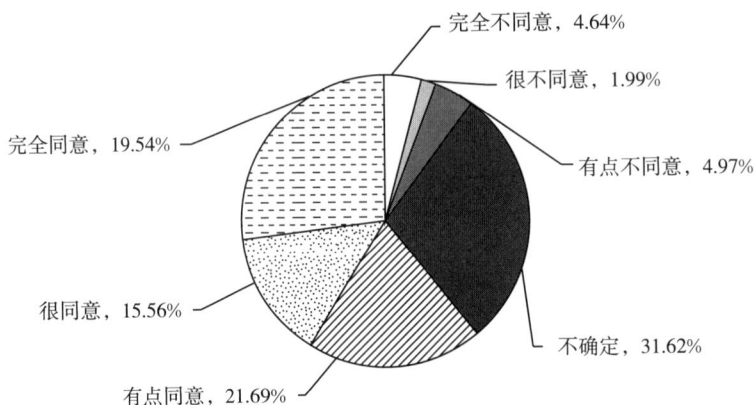

图 5-11　消费者对媒体报道的国产婴幼儿配方乳粉安全信息
大部分真实的认同程度

由图 5-12 可以得出,53.14％的消费者认同报纸报道的国产婴幼儿配方乳粉安全信息大部分是真实的,其中完全同意、很同意和有点同意的消费者占比分别为 16.72％、14.40％和 22.02％;11.75％的消费者认为报纸报道的国产婴幼儿配方乳粉安全信息大部分不是真实的,其中完全不同意、很不同意和有点不同意的消费者占比分别为 3.97％、2.48％和 5.30％;而35.10％的消费者表示不能确定报纸报道的国产婴幼儿配方乳粉安全信息大部分是否真实。综上所述,可以发现大部分消费者认同报纸报道的国产婴幼儿配方乳粉安全信息大部分是真实的。

由图 5-13 可以得出,55.13％的消费者认同专家对国产婴幼儿配方乳粉的安全鉴定是真实的,其中完全同意、很同意和有点同意的消费者占比分

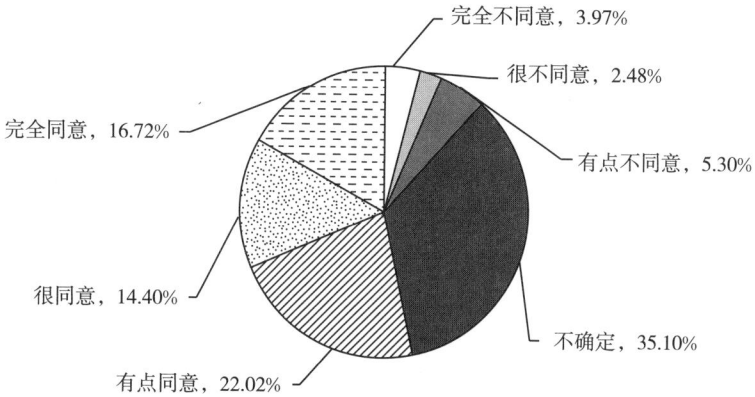

图 5 - 12　消费者对报纸报道的国产婴幼儿配方乳粉安全信息
大部分是真实的认同程度

别为 17.38％、19.54％和 18.21％；13.57％的消费者认为专家对国产婴幼儿配方乳粉的安全鉴定未必是真实的，其中完全不同意、很不同意和有点不同意的消费者占比分别为 3.81％、3.97％和 5.79％；31.29％的消费者表示不能确定专家对国产婴幼儿配方乳粉的安全鉴定是否真实。综上所述，可以发现超半数的消费者对于专家做出的国产婴幼儿配方乳粉安全鉴定表示不同程度的认同。

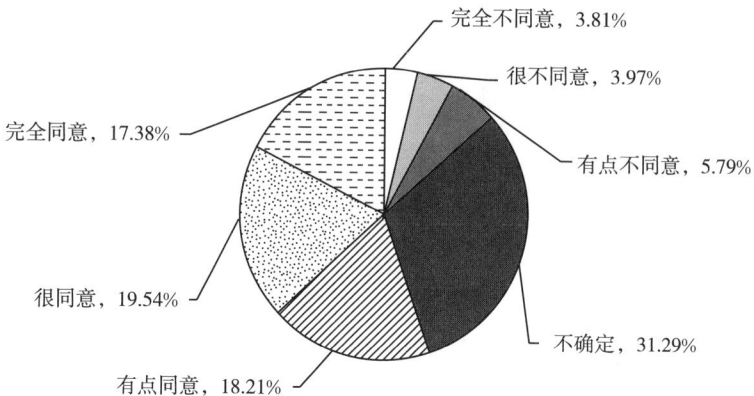

图 5 - 13　消费者对专家对国产婴幼儿配方乳粉的安全鉴定是真实的认同程度

由图 5 - 14 可以得出，56.78％的消费者认同第三方检测机构对国产婴幼儿配方乳粉的质量认证是真实的，其中完全同意、很同意和有点同意的消费者占比分别为 17.05％、20.36％和 19.37％；11.59％的消费者对于第三方检测机构对国产婴幼儿配方乳粉的质量认证真实性表示怀疑，其中完全不同意、很不同意和有点不同意的消费者占比分别为 3.15％、2.15％和6.29％；而 31.62％的消费者认为无法辨别第三方检测机构对国产婴幼儿配方乳粉的质量认证是否真实。综上所述，可以发现大部分消费者认同第三方检测机构对国产婴幼儿配方乳粉的质量认证是真实的。

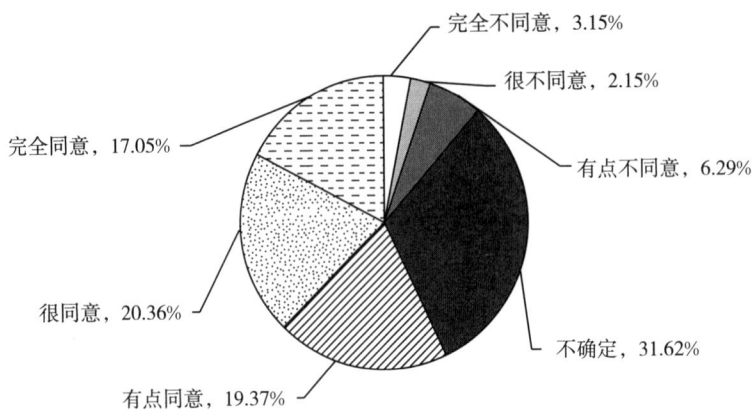

图 5-14　消费者对第三方检测机构对国产婴幼儿配方乳粉的
质量认证是真实的认同程度

另外，对比分析图 5-1 至图 5-5 可以发现，虽然超半数的消费者均认同媒体、报纸、专家和第三方检测机构发布的关于婴幼儿配方乳粉产品安全的信息是真实的，但针对每个社会监管主体发布的产品安全信息，较大比重的消费者仍不能确定真实性。可能的原因是，在信息自由和言论自由的时代，个体可以通过媒体、报纸等渠道自由发声，不免出现个别个体通过发布虚假、夸大信息以吸引眼球的现象。同时，部分专家和第三方检测机构缺少权威认证资质，导致消费者接收到的各渠道信息真假难辨。

（四）进口产品信任水平

从表 5-5 中可以看出，消费者对进口产品信任的测量均值为 4.33，表明消费者对进口产品的平均信任程度处于不确定和有点信任之间。在进口产品信任的 2 个测量变量中，消费者对进口产品安全更有保障和更值得信任的信任度基本一致，均偏向于不确定，均值分别为 4.32 和 4.34。

表5-5　进口产品信任中各测量变量的描述性统计

潜变量	编号	测量题项	均值	标准差
进口产品信任	IT1	与国产相比，进口婴幼儿配方乳粉产品安全更有保障	4.32	1.640
	IT2	与国产相比，进口婴幼儿配方乳粉产品安全更值得信任	4.34	1.654
平均	—	—	4.33	1.627

资料来源：根据样本数据整理。

由图5-15可以看出，44.20％的消费者认为，相比国产婴幼儿配方乳粉，进口婴幼儿配方乳粉的产品安全更有保障，其中完全同意、很同意和有点同意的消费者占比分别为10.76％、11.92％和21.52％；22.35％的消费者不认为进口婴幼儿配方乳粉的产品安全比国产婴幼儿配方乳粉的更有保障，其中完全不同意、很不同意和有点不同意的消费者占比分别为9.77％、3.97％和8.61％；33.44％的消费者不能确定进口婴幼儿配方乳粉的产品安全是否比国产婴幼儿配方乳粉的更有保障。综上所述，可以发现，认同进口婴幼儿配方乳粉产品安全更有保障的消费者比例明显高于不认同的消费者比重。

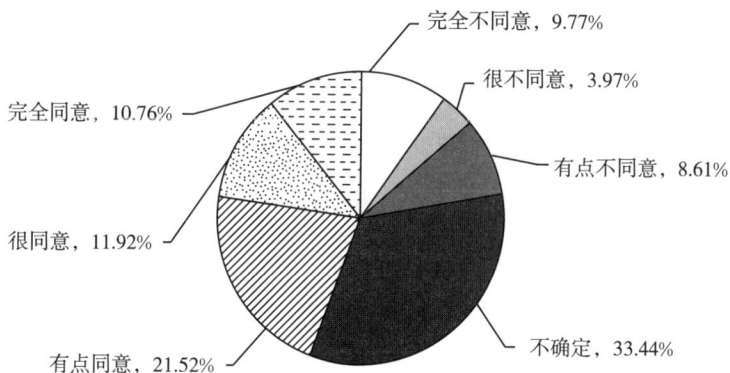

图5-15　消费者对进口婴幼儿配方乳粉产品安全更有保障的认同程度

由图5-16可以看出，44.54％的消费者认为，相比国产婴幼儿配方乳粉，进口婴幼儿配方乳粉产品安全更值得信任，其中完全同意、很同意和有点同意的消费者占比分别为11.26％、12.09％和21.19％；21.52％的消费者不认为进口婴幼儿配方乳粉的产品安全比国产婴幼儿配方乳粉更值得信

任，其中完全不同意、很不同意和有点不同意的消费者占比分别为
10.26％、3.31％和7.95％；而33.94％的消费者表示不确定进口婴幼儿配
方乳粉的产品安全是否比国产婴幼儿配方乳粉更值得信任。综上所述，可以
发现题项IT2的结论与题项IT1的结论一致，认同进口婴幼儿配方乳粉产
品安全比国产婴幼儿配方乳粉更值得信任的消费者比重明显高于不认同的消
费者比重。

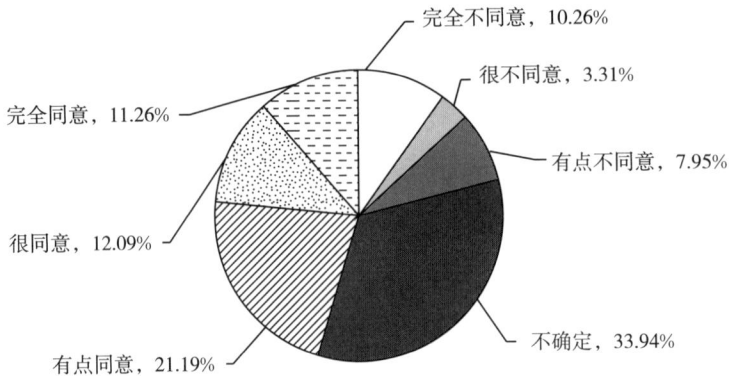

图5-16　消费者对进口婴幼儿配方乳粉产品安全更值得信任的认同程度

　　另外，通过进一步分析，可以发现，虽然认同进口婴幼儿配方乳粉比国
产婴幼儿配方乳粉的产品安全更有保障、更值得信任的消费者比重均明显高
于不认同的消费者，但是仍然存在一部分的消费者表示不确定进口婴幼儿配
方乳粉的产品安全是否更有保障和更值得信任。可能的原因是，在政府大力
整顿中国婴幼儿配方乳粉市场的背景下，2008年三鹿奶粉事件后未出现大
规模的国产婴幼儿配方乳粉安全事件，反而时常发生进口婴幼儿配方乳粉产
品安全事件，部分消费者在进口和国产婴幼儿配方乳粉哪个更有保障和更值
得信任之间摇摆不定。

（五）消费者对各主体的信任程度对比

　　综合以上对消费者各主体信任水平的描述性统计分析，可以发现消费者
对生产主体、政府、社会监管主体和进口产品的总体信任水平分别为4.75、
5.10、4.86、4.33，信任程度由高到低的排序为政府信任＞社会监管主体信
任＞生产主体信任＞进口产品信任（表5-6）。消费者更加偏向信任相对权

威的婴幼儿配方乳粉监管机构，而非生产企业。

表 5-6 消费者对各主体信任程度的平均值对比

潜变量	平均值	标准差
生产主体信任	4.75	1.551
政府信任	5.10	1.346
社会监管主体信任	4.86	1.323
进口产品信任	4.33	1.627

资料来源：根据样本数据整理。

三、传统和修正计划行为理论模型中各变量的描述性统计分析

（一）行为态度水平

消费者对购买国产婴幼儿配方乳粉的行为态度测度包括 3 个选项，从表 5-7 中可以看出，消费者对购买国产婴幼儿配方乳粉的行为态度测量均值为 5.00，表明消费者对购买国产婴幼儿配方乳粉的行为态度处于有点同意和比较同意之间。在行为态度的 3 个测量变量中，消费者对测量变量 $AT1$ 和 $AT2$ 的同意程度最高，均值同为 5.01，说明消费者有点认同"购买国产婴幼儿配方乳粉是明智的，并且对婴幼儿身体发育是有益的"的看法；消费者对测量变量 $AT3$ 的认同程度较 $AT1$ 和 $AT2$ 略低，均值为 4.99，说明消费者不太确定购买国产婴幼儿配方乳粉是否是安全的。

表 5-7 行为态度中各测量变量的描述性统计

潜变量	编号	测量题项	均值	标准差
行为态度	$AT1$	我感觉为自己的孩子购买国产婴幼儿配方乳粉是明智的	5.01	1.667
	$AT2$	我感觉为自己的孩子购买国产婴幼儿配方乳粉对其身体发育是有益的	5.01	1.555
	$AT3$	我感觉为自己的孩子购买国产婴幼儿配方乳粉是安全的	4.99	1.569
平均	—	—	5.00	1.597

资料来源：根据样本数据整理。

由图 5-17 可以看出，58.45％的消费者感觉为自己的孩子购买国产婴幼儿配方乳粉是比较明智的，其中完全同意、很同意和有点同意的消费者占比分别为 26.16％、19.04％和 13.25％；19.55％的消费者不认同为自己的孩子购买国产婴幼儿配方乳粉是明智的选择，其中完全不同意、很不同意和有点不同意的消费者占比分别为 3.15％、3.15％和 13.25％；22.02％的消费者不确定为自己的孩子购买国产婴幼儿配方乳粉是否明智。由以上数据可以发现，大多数消费者认为为自己的孩子购买国产婴幼儿配方乳粉是比较明智的选择。

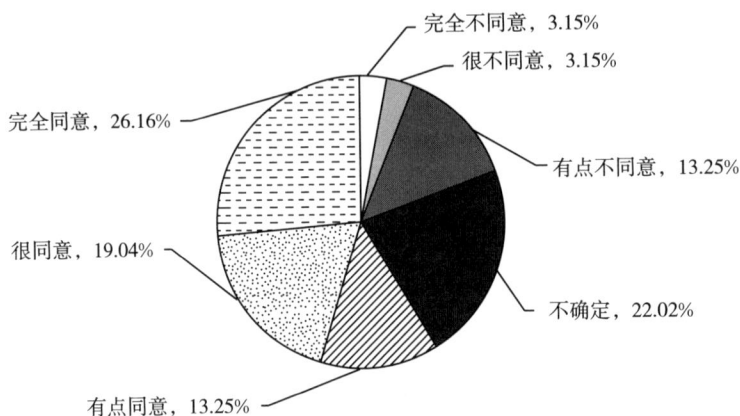

图 5-17　消费者对购买国产婴幼儿配方乳粉是明智的认同程度

由图 5-18 可以看出，58.62％的消费者认同为自己的孩子购买国产婴幼儿配方乳粉对其身体发育是有益的，其中完全同意、很同意和有点同意的

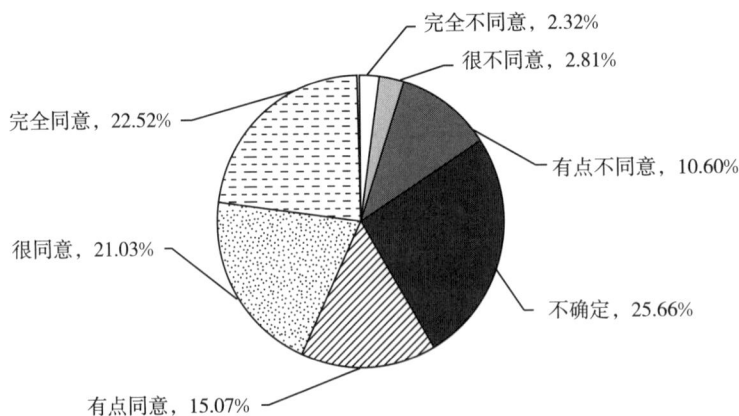

图 5-18　消费者对购买国产婴幼儿配方乳粉对婴幼儿身体发育是有益的认同程度

消费者占比分别为 22.52%、21.03% 和 15.07%；15.73% 的消费者不太认同为自己的孩子购买国产婴幼儿配方乳粉对其身体发育是有益的，其中完全不同意、很不同意和有点不同意的消费者占比分别为 2.32%、2.81% 和 10.60%；25.66% 的消费者表示不确定国产婴幼儿配方乳粉是否对婴幼儿身体发育有益。由以上数据可知，大部分的消费者认为购买国产婴幼儿配方乳粉对婴幼儿的身体发育是有益的，且该比重略高于 $AT1$。

由图 5-19 可以看出，58.78% 的消费者认为购买国产婴幼儿配方乳粉是比较安全的，其中完全同意、很同意和有点同意的消费者占比分别为 23.18%、18.38% 和 17.22%；16.06% 的消费者不认同为自己的孩子购买国产婴幼儿配方乳粉是安全的，其中完全不同意、很不同意和有点不同意的消费者占比分别为 2.32%、3.48% 和 10.26%；25.17% 的消费者表示不能确定为自己的孩子购买国产婴幼儿配方乳粉是否是安全的。由以上数据可知，大多数消费者认为为自己的孩子购买国产婴幼儿配方乳粉是安全的，且该比例略高于 $AT1$ 和 $AT2$。

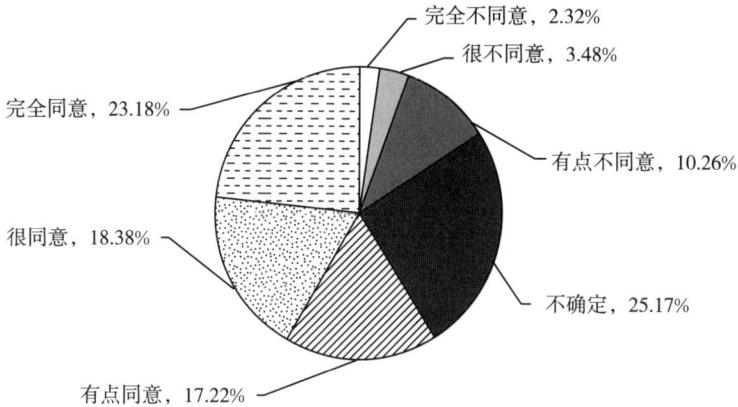

图 5-19　消费者对购买国产婴幼儿配方乳粉是安全的认同程度

（二）主观规范水平

消费者对购买进口婴幼儿配方乳粉的主观规范测度包括 2 个选项，从表 5-8 中可以看出，消费者对购买进口婴幼儿配方乳粉的主观规范测量均值为 4.49，表明消费者对购买进口婴幼儿配方乳粉的主观规范处于不确定和有点同意之间。在主观规范的 2 个测量变量中，消费者对测量变量 $SN1$

的认同程度略高，均值为 4.51，说明消费者倾向于认同其身边的亲戚、朋友、同事等认为其应该购买进口婴幼儿配方乳粉；消费者对测量变量 $SN2$ 的认同程度略低于 $SN1$，但均值为 4.46，同样处于不确定和有点同意之间，说明消费者略倾向于认同其身边的亲戚、朋友和同事等希望其为孩子购买进口婴幼儿配方乳粉。

表 5-8 主观规范中各测量变量的描述性统计

潜变量	编号	测量题项	均值	标准差
主观规范	SN1	我身边的人（亲戚、朋友、同事等）认为我应该为孩子购买进口婴幼儿配方乳粉	4.51	1.690
	SN2	我身边的人（亲戚、朋友、同事等）希望我为孩子购买进口婴幼儿配方乳粉	4.46	1.702
平均	—	—	4.49	1.696

资料来源：根据样本数据整理。

由图 5-20 可以看出，54.80% 的消费者认同其身边的亲戚、朋友、同事等认为其应该为孩子购买进口婴幼儿配方乳粉，其中完全同意、很同意和有点同意的消费者占比分别为 12.42%、17.88% 和 24.50%；25.49% 的消费者不认同其身边的亲戚、朋友、同事等认为其应该为孩子购买进口婴幼儿配方乳粉，其中完全不同意、很不同意和有点不同意的消费者占比分别为 7.12%、6.95% 和 11.42%；19.70% 的消费者不确定身边的亲戚、朋友、同事等是否认为其应该为孩子购买进口婴幼儿配方乳粉。由以上数据可知，大多数消费者认同其身边的人更倾向于认为其应该为孩子购买进口婴幼儿配

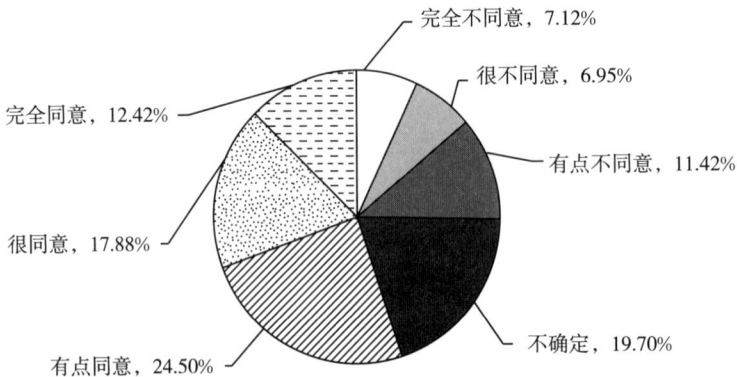

图 5-20 消费者对身边的人认为其应该为孩子购买进口婴幼儿配方乳粉的认同程度

方乳粉，但表示不确定的消费者比例明显低于行为态度变量，不认同的消费者比例明显高于行为态度变量。

由图5-21可以看出，53.81%的消费者认同其身边的亲戚、朋友、同事等希望其为孩子购买进口婴幼儿配方乳粉，其中完全同意、很同意和有点同意的消费者占比分别为12.25%、16.56%和25.00%；27.32%的消费者不认同其身边的亲戚、朋友、同事等希望其为孩子购买进口婴幼儿配方乳粉，其中完全不同意、很不同意和有点不同意的消费者占比分别为7.45%、7.12%和12.75%；18.87%的消费者不确定其身边的亲戚、朋友、同事等是否希望其为孩子购买进口婴幼儿配方乳粉。由以上数据可知，大多数消费者认为其身边的人更希望其购买进口婴幼儿配方乳粉，但表示不确定的消费者比例明显低于行为态度变量，不认同的消费者比例明显高于行为态度变量。

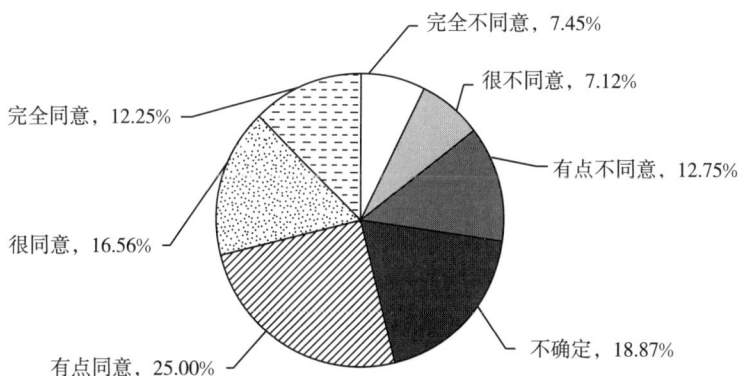

图5-21　消费者对身边的人希望其为孩子购买进口婴幼儿配方乳粉的认同程度

（三）群体意识水平

消费者对购买进口婴幼儿配方乳粉的群体意识测度包括2个选项，从表5-9中可以看出，消费者对购买进口婴幼儿配方乳粉的群体意识测量均值为4.35，表明消费者对购买进口婴幼儿配方乳粉的群体意识处于不确定和有点同意之间。在群体意识的2个测量变量中，消费者对测量变量$GC2$的认同程度略高，均值为4.38，说明如果消费者的绝大部分亲戚、朋友、同事都购买进口婴幼儿配方乳粉，那么该消费者在下次选购时将更倾向于购买进口婴幼儿配方乳粉；消费者对测量变量 $GC1$ 的认同程度略低于 $GC2$，均值为 4.31，同样处于不确定和有点同意之间，说明如果消费者的绝大部分亲戚、朋友、同事认为应该购买进口婴幼儿配方乳粉，那么该消费者下次选购时购买进口婴幼儿配方乳粉的概率将会较大。

表 5-9　群体意识中各测量变量的描述性统计

潜变量	编号	测量题项	均值	标准差
群体意识	GC1	如果绝大部分亲戚、朋友、同事认为应该购买进口婴幼儿配方乳粉，下次选购时我会为孩子购买进口婴幼儿配方乳粉	4.31	1.782
	GC2	如果绝大部分亲戚、朋友、同事都购买进口婴幼儿配方乳粉，下次选购时我会为孩子购买进口婴幼儿配方乳粉	4.38	1.781
平均	—	—	4.35	1.782

资料来源：根据样本数据整理。

由图 5-22 可以看出，48.84％的消费者认同如果绝大部分亲戚、朋友、同事认为应该购买进口婴幼儿配方乳粉，下次购买时自己更倾向于会为孩子购买进口婴幼儿配方乳粉，其中完全同意、很同意和有点同意的消费者占比分别为 13.08％、12.91％和 22.85％；28.64％的消费者不认同如果绝大部分亲戚、朋友、同事认为应该购买进口婴幼儿配方乳粉，下次选购时自己会为孩子购买进口婴幼儿配方乳粉，其中完全不同意、很不同意和有点不同意的消费者占比分别为 10.43％、7.45％和 10.76％；22.52％的消费者不确定

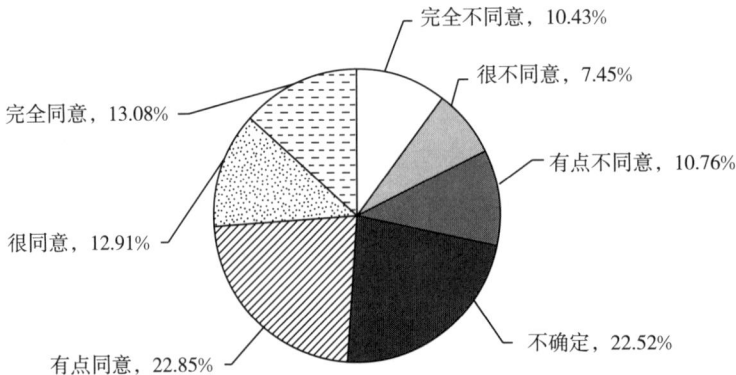

图 5-22　消费者对群体意识的测量变量 $GC1$ 的认同程度

是否会听从绝大部分亲戚、朋友、同事的看法为孩子购买进口婴幼儿配方乳粉。由以上数据可知，倾向于采纳亲戚、朋友、同事的想法，选择购买进口婴幼儿配方乳粉的消费者比重明显高于倾向于不采纳的消费者比重，但未超过半数。

由图 5-23 可以看出，49.33％的消费者认同如果绝大部分亲戚、朋友、同事都购买进口婴幼儿配方乳粉，下次选购时可能会更倾向于为孩子购买进口婴幼儿配方乳粉，其中完全同意、很同意和有点同意的消费者占比分别为13.41％、15.40％和20.53％；26.83％的消费者不认同如果身边绝大部分亲戚、朋友、同事都购买进口婴幼儿配方乳粉，下次选购时会购买进口婴幼儿配方乳粉，其中完全不同意、很不同意和有点不同意的消费者占比分别为9.77％、7.62％和9.44％；23.84％的消费者不确定是否会追随绝大部分亲戚、朋友、同事的购买行为，选择购买进口婴幼儿配方乳粉。通过以上数据可知，选择和身边绝大部分亲戚、朋友、同事保持一致，为孩子选购进口婴幼儿配方乳粉的消费者比重明显高于倾向于不从众的消费者，但比例未超过半数。

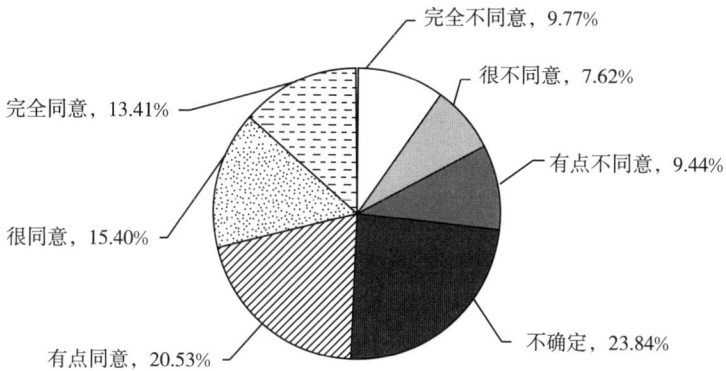

图 5-23　消费者对群体意识的测量变量 GC2 的认同程度

（四）面子意识水平

消费者对购买进口婴幼儿配方乳粉的面子意识测度包括 3 个选项。从表 5-10 中可以看出，消费者对购买进口婴幼儿配方乳粉的面子意识测量均值为 2.55，表明消费者对购买进口婴幼儿配方乳粉的面子意识处于有点不同意和很不同意之间。在面子意识的测量变量 FC1、FC2 和 FC3 中，消费者的认同程度差别不大，均处于有点不同意和很不同意之间，均值分别为2.78、2.54 和 2.33，表明大多数消费者不认同购买进口婴幼儿配方乳粉能够在亲戚、朋友和同事等身边的人面前凸显身份和品味、获得身边的人的尊重或者很有面子。

表 5-10　面子意识中各测量变量的描述性统计

潜变量	编号	测量题项	均值	标准差
	FC1	亲戚、朋友、同事认为购买进口婴幼儿配方乳粉能凸显我的身份和品味	2.78	1.769
面子意识	FC2	自己的孩子喝进口婴幼儿配方乳粉会得到亲戚、朋友、同事等身边的人的尊重	2.54	1.702
	FC3	自己的孩子喝进口婴幼儿配方乳粉很有面子	2.33	1.689
平均	—	—	2.55	1.720

资料来源：根据样本数据整理。

由图 5-24 可以看出，65.73％的消费者不认同购买进口婴幼儿配方乳粉能够在亲戚、朋友、同事面前凸显自己的身份和品味的观点，其中完全不同意、很不同意和有点不同意的消费者占比分别为 35.76％、14.57％和15.40％；17.37％的消费者倾向于认同购买进口婴幼儿配方乳粉能够在亲戚、朋友、同事面前凸显自己的身份和品味的观点，其中完全同意、很同意和有点同意的消费者占比分别为 4.30％、4.30％和8.77％；16.89％的消费者不确定购买进口婴幼儿配方乳粉是否能够在亲戚、朋友、同事面前凸显自

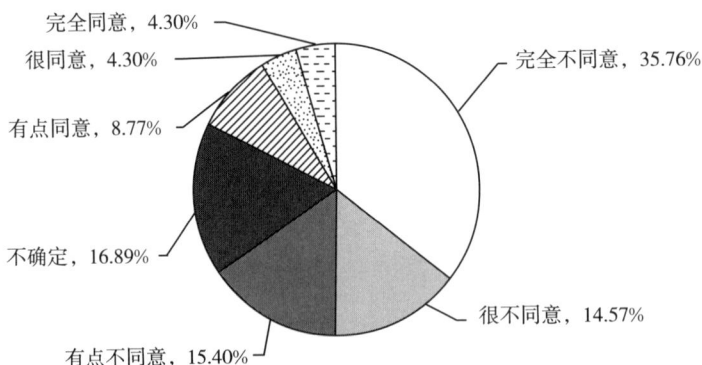

图 5-24　消费者对亲戚、朋友、同事认为购买进口婴幼儿配方乳粉能凸显消费者身份和品味的认同程度

己的身份和品味。通过以上数据可以看出，绝大多数的消费者的亲戚、朋友、同事不认为购买进口婴幼儿配方乳粉是身份和品味的象征。

由图 5 - 25 可以看出，71.19％的消费者表示不认同购买进口婴幼儿配方乳粉能够帮助自己得到亲戚、朋友、同事等身边的人的尊重，其中完全不同意、很不同意和有点不同意的消费者占比分别为 42.05％、14.90％和14.24％；仅 14.57％的消费者倾向于认同购买进口婴幼儿配方乳粉能够帮助自己得到亲戚、朋友、同事等身边的人的尊重，其中完全同意、很同意和有点同意的消费者占比分别为 3.31％、2.98％和8.28％；而 14.24％的消费者不确定购买进口婴幼儿配方乳粉是否能够帮助自己得到亲戚、朋友、同事等身边的人的尊重。由以上数据可知，绝大多数的消费者不认同给自己的孩子喝进口婴幼儿配方乳粉会得到亲戚、朋友、同事等身边的人的尊重，且该比例高于测量变量 FC1。

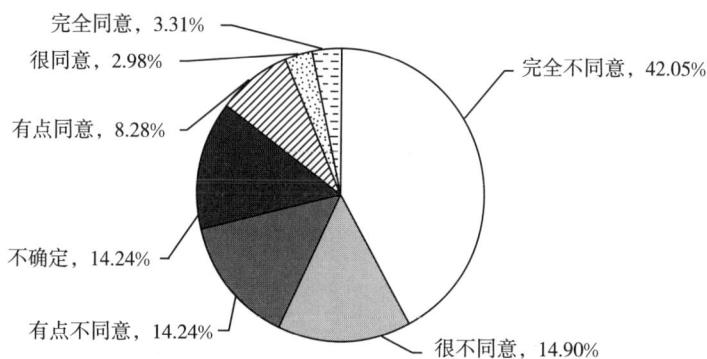

图 5 - 25　消费者对自己的孩子喝进口婴幼儿配方乳粉会得到
身边的人的尊重的认同程度

由图 5 - 26 可以看出，75.83％的消费者表示不认同自己的孩子喝进口婴幼儿配方乳粉很有面子的观点，其中，近半数的消费者表示完全不同意，14.74％和11.42％的消费者分别表示很不同意和有点不同意；仅 12.91％的消费者倾向于认同购买进口婴幼儿配方乳粉是很有面子的事情，其中完全同意、很同意和有点同意的消费者占比分别为 2.98％、3.64％和6.29％；而11.26％的消费者表示不确定购买进口婴幼儿配方乳粉是否很有面子。通过以上数据可知，绝大部分的消费者不认同给自己的孩子喝进口婴幼儿配方乳粉是一件很有面子的事情。

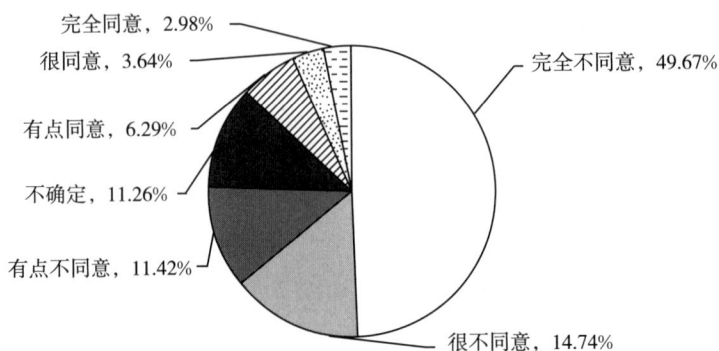

图 5-26　消费者对自己的孩子喝进口婴幼儿配方乳粉很有面子的认同程度

(五) 购买意愿水平

消费者对国产婴幼儿配方乳粉的购买意愿测度包括 5 个选项。从表 5-11 中可以看出，消费者对国产婴幼儿配方乳粉的购买意愿测量均值为 4.77，表明消费者对国产婴幼儿配方乳粉的购买意愿处于不确定和有点同意之间。在购买意愿的测量变量 PI1、PI2、PI3 和 PI4 中，消费者的认同程度差别不大，均处于不确定和有点同意之间，均值分别为 4.61、4.76、4.74 和 4.73，表明在选购婴幼儿配方乳粉时，相比进口婴幼儿配方乳粉，超半数的消费者会优先考虑国产婴幼儿配方乳粉，对国产婴幼儿配方乳粉具有更强的购买意愿，选购国产婴幼儿配方乳粉的可能性较大；在测量变量 PI5 中，消费者的认同程度最大，略高于有点信任，处于有点信任和比较信任之间，均值为 5.03，表明大部分消费者比较支持购买国产婴幼儿配方乳粉。

表 5-11　购买意愿中各测量变量的描述性统计

潜变量	编号	测量题项	均值	标准差
购买意愿	PI1	下次购买时，相比进口奶粉我更愿意购买国产婴幼儿配方乳粉	4.61	1.787
	PI2	下次购买时，我选择国产婴幼儿配方乳粉的可能性比较大	4.76	1.780
	PI3	下次购买时，我会首先考虑购买国产婴幼儿配方乳粉	4.74	1.831
	PI4	当有人向我询问婴幼儿配方乳粉选购建议时，我会推荐国产的	4.73	1.824
	PI5	我支持购买国产婴幼儿配方乳粉的做法	5.03	1.703
平均	—	—	4.77	1.785

资料来源：根据样本数据整理。

由图 5-27 可以看出，49.01% 的消费者认同在下次购买时，相比进口婴幼儿配方乳粉，更倾向于购买国产婴幼儿配方乳粉，其中完全同意、很同意和有点同意的消费者占比分别为 21.03%、13.91% 和 14.07%；24.50% 的消费者不认同在下次购买时，可能更倾向于购买国产婴幼儿配方乳粉，其中完全不同意、很不同意和有点不同意的消费者占比分别为 7.28%、4.80% 和 12.42%；而 26.49% 的消费者不确定下次购买时，更倾向于选购国产婴幼儿配方乳粉还是进口婴幼儿配方乳粉。通过以上数据可知，愿意购买国产婴幼儿配方乳粉的消费者比重明显高于愿意购买进口婴幼儿配方乳粉的消费者比重。

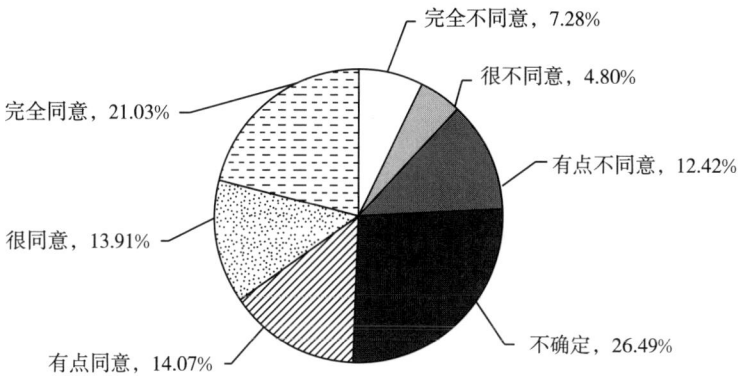

图 5-27 消费者对下次购买时相比进口奶粉更愿意购买
国产婴幼儿配方乳粉的认同程度

由图 5-28 可以看出，53.81% 的消费者表示在下次选购时，选择购买国产婴幼儿配方乳粉的可能性比较大，其中完全同意、很同意和有点同意的消费者占比分别为 23.51%、14.07% 和 16.23%；20.03% 的消费者不认同有较大可能性继续购买国产婴幼儿配方乳粉，其中完全不同意、很不同意和有点不同意的消费者占比分别为 6.62%、5.63% 和 7.78%；而 26.16% 的消费者不确定下次购买时，选择购买国产婴幼儿配方乳粉的可能性是否比较大。通过以上数据可知，超半数的消费者认同下次购买时选购国产婴幼儿配方乳粉的可能性比较大，该比例明显高于不认同的消费者。

由图 5-29 可以看出，54.30% 的消费者倾向于下次购买时会首先考虑购买国产婴幼儿配方乳粉，其中完全同意、很同意和有点同意的消费者占比

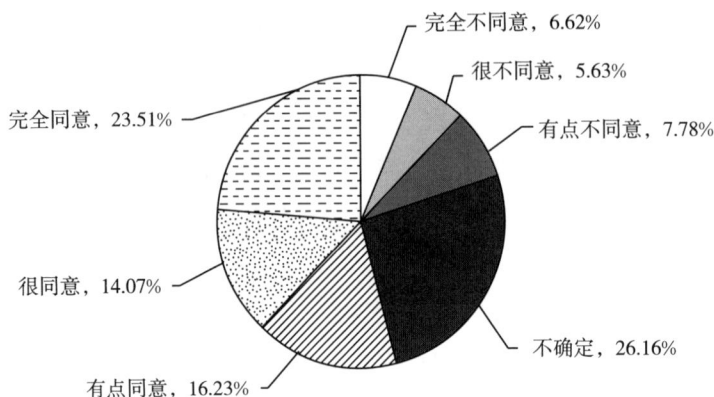

图5-28　消费者对下次购买时选择国产婴幼儿配方乳粉的可能性比较大的认同程度

分别为25.00%、12.91%和16.39%；而23.02%的消费者则表示下次购买时可能不会优先考虑购买国产婴幼儿配方乳粉，其中完全不同意、很不同意和有点不同意的消费者占比分别为6.79%、6.46%和9.77%；22.68%的消费者则不确定下次购买时是否会优先考虑购买国产婴幼儿配方乳粉。通过以上数据可知，超半数的消费者倾向于在下次选购时优先考虑国产婴幼儿配方乳粉。

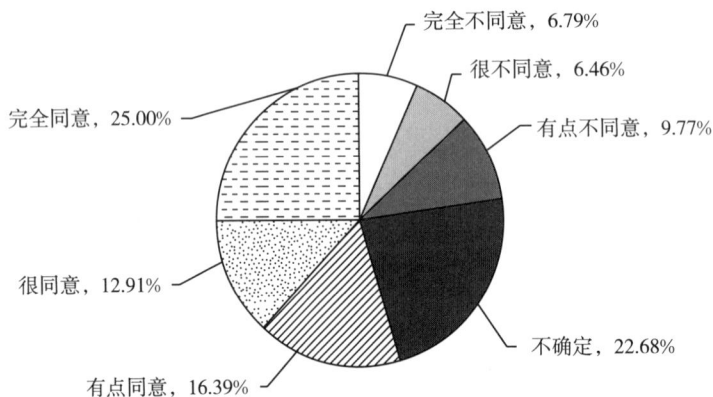

图5-29　消费者对下次购买时会首先考虑购买国产婴幼儿配方乳粉的认同程度

由图5-30可以看出，51.82%的消费者表示当有人向其询问婴幼儿配方乳粉选购建议时，会倾向于推荐国产婴幼儿配方乳粉，其中完全同意、很同意和有点同意的消费者占比分别为25.17%、12.58%和14.07%；22.02%的消费者则表示更愿意向他人推荐进口婴幼儿配方乳粉，其中完全

不同意、很不同意和有点不同意的消费者占比分别为 7.12%、4.97% 和
9.93%；而 26.16% 的消费者表示不确定会向其他人推荐进口还是国产婴幼
儿配方乳粉。通过以上数据可知，倾向于向其他人推荐国产婴幼儿配方乳粉
的消费者比重明显高于倾向于推荐进口婴幼儿配方乳粉的消费者比重，但仍
存在较大比例的消费者表示不确定。

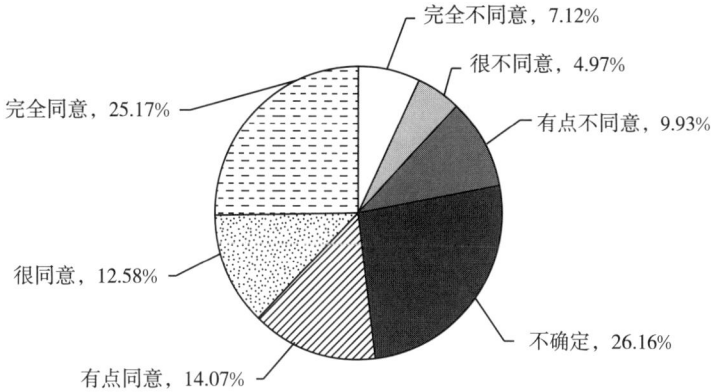

图 5 - 30　消费者对会为别人推荐国产婴幼儿配方乳粉的认同程度

　　由图 5 - 31 可以看出，59.77% 的消费者表示比较认同购买国产婴幼儿
配方乳粉的做法，其中完全同意、很同意和有点同意的消费者占比分别为
28.81%、13.41% 和 17.55%；14.57% 的消费者不太认同购买国产婴幼儿
配方乳粉的做法，其中完全不同意、很不同意和有点不同意的消费者占比分
别为 4.64%、4.30% 和 5.63%；但 25.66% 的消费者表示不确定是否支持

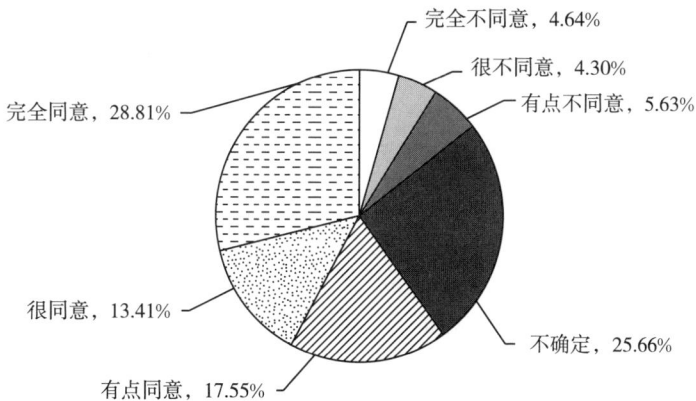

图 5 - 31　消费者对支持购买国产婴幼儿配方乳粉的做法的认同程度

购买国产婴幼儿配方乳粉。通过以上数据可知，倾向于支持购买国产婴幼儿配方乳粉的消费者的比重明显高于倾向于支持购买进口婴幼儿配方乳粉的消费者的比重，但仍存在较大比例的消费者不确定是否支持购买国产婴幼儿配方乳粉。

四、消费者婴幼儿配方乳粉购买行为特征

由表 5-12 可以看出，在 604 份有效问卷中，产品国别方面，购买进口和国产婴幼儿配方乳粉的受访者比例相差不多，购买国产婴幼儿配方乳粉的受访者略高，比重为 53.6%，可能的原因是呼和浩特和哈尔滨两个调研地点为中国婴幼儿配方乳粉主产地区，来自呼和浩特和哈尔滨两个地区的受访者对本地品牌相对比较了解，倾向购买本地品牌产品，进而导致总体上购买国产婴幼儿配方乳粉的消费者的比重略高于购买进口婴幼儿配方乳粉的消费者的比重。购买渠道方面，通过母婴店购买婴幼儿配方乳粉的受访者比重接近半数，大多数受访者选择了相对方便正规的渠道，母婴店、超市和正规电商平台是受访者购买婴幼儿配方乳粉的主要渠道，占比分别为 46.2%、23.2%、14.7%，但选择药店和医院的消费者非常少，仅占 2%，通过微商代购这一非正规渠道选购的受访者仅占 6.6%。购买价位方面，受访者选购的婴幼儿配方乳粉价位偏高，78.8% 的受访者购买的婴幼儿配方乳粉在 200 元以上。

表 5-12　受访者的婴幼儿配方乳粉购买行为特征

行为特征	类别	数量（人）	比例（%）
产品国别	国产	324	53.6
	进口	280	46.4
购买渠道	正规电商平台	89	14.7
	微商代购	40	6.6
	母婴店	279	46.2
	超市	140	23.2
	药店	7	1.2
	医院	5	0.8
	其他	44	7.3

（续）

行为特征	类比	数量	比例（%）
购买价位	100 元以下	14	2.3
	100~200 元	114	18.9
	200~300 元	299	49.5
	300 元以上	177	29.3

资料来源：根据样本数据整理。

五、本章小结

本章旨在描述性统计分析样本人口统计特征和消费者国产婴幼儿配方乳粉安全信任及购买行为的基本情况。人口统计特征方面，从性别、年龄、受教育程度、家庭所有成员月收入、孩子数量、生活区域以及亲密关系的人（亲戚朋友）推荐 7 个方面对样本的基本情况进行了统计描述；国产婴幼儿配方乳粉安全信任方面，消费者对政府信任处于有点信任和很信任之间，对生产主体、社会监管主体和进口产品的信任则处于不确定和有点信任之间，对四个主体的信任度排序为政府信任＞社会监管主体信任＞生产主体信任＞进口产品信任；婴幼儿配方乳粉购买行为方面，购买国产婴幼儿配方乳粉的消费者比例略高于进口，母婴店、超市和正规电商平台是主要购买渠道，价位偏高，78.8% 的受访者购买的婴幼儿配方乳粉在 200 元以上。

第六章 安全信任对国产婴幼儿配方乳粉购买行为影响机理的实证检验

一、信度和效度分析

（一）信度分析

在本书第四章的第三部分对信度分析的方法介绍中，指出量表的信度分析通常运用 $Cronbach's\ \alpha$ 系数值进行判断，并详细介绍了衡量标准。在第四章的第一部分对预调研的介绍中，已经进行了信度分析，为了确保正式调研中获取的数据具有良好的信度，本章此部分重新计算了 $Cronbach's\ \alpha$ 系数值。由表 6-1 可以看出，除感知行为控制变量的 $Cronbach's\ \alpha$ 系数值为 0.741 外，其他变量的 $Cronbach's\ \alpha$ 系数值均在 0.901～0.976 之间，所有变量的 $Cronbach's\ \alpha$ 系数值均达到了标准，表明测量量表设计较合理，信度良好。

表 6-1　量表信度及效度检验结果

潜变量	测量变量	标准化回归系数	$Cronbach's\ \alpha$	组合信度	平均方差抽取量
行为态度（AT）	AT1	0.932			
	AT2	0.916	0.936	0.956 9	0.880 9
	AT3	0.967			
主观规范（SN）	SN1	0.899			
	SN2	0.947	0.920	0.920 3	0.852 5
群体意识（GC）	GC1	0.950			
	GC2	0.935	0.941	0.940 9	0.888 4

（续）

潜变量	测量变量	标准化回归系数	Cronbach's α	组合信度	平均方差抽取量
面子意识 （FC）	FC1	0.845			
	FC2	0.923	0.909	0.910 8	0.773 1
	FC3	0.868			
感知行为控制 （PBC）	PBC1	0.607	0.741	0.784 7	0.657 6
	PBC2	0.973			
生产主体信任 （PT）	PT1	0.873			
	PT2	0.896			
	PT3	0.884	0.948	0.944 6	0.773 5
	PT4	0.903			
	PT5	0.840			
政府信任 （GT）	GT3	0.794			
	GT4	0.848			
	GT5	0.812	0.910	0.910 4	0.670 5
	GT6	0.850			
	GT7	0.788			
社会监管主体信任 （ST）	ST1	0.740			
	ST2	0.716	0.901	0.879 0	0.647 0
	ST3	0.903			
	ST4	0.844			
进口产品信任 （IT）	IT1	0.975	0.976	0.976 2	0.953 6
	IT2	0.978			
购买意愿 （PI）	PI1	0.914			
	PI2	0.923			
	PI3	0.943	0.968	0.966 1	0.850 6
	PI4	0.948			
	PI5	0.882			

资料来源：根据样本数据计算得出。

（二）效度分析

在本书第四章的第一部分对预调研的介绍中，主要评估了预调研所收集数据的聚合效度，仍需要进一步测试正式调研所获数据的效度，以下主要针对量表的内容效度和建构效度进行评估。内容效度方面，本研究在查阅大量相关文献和与消费者深度访谈的基础上设计了量表初稿，并将量表初稿发送给 5 名消费者作答，得到消费者反馈意见后，与导师、其他专业老师和专业同学分别探讨修正了量表中存在的问题重复、语言歧义等问题。完成问卷初稿后进行了预调研，对问卷进一步修正，反复的调研修正保证了量表具有较好的内容效度。建构效度方面，由于预调研中已经测算 KMO 值和 Bartlett 的球形两个指标，均通过了效度检验。本研究利用标准化的因子负荷量、组合信度和平均方差抽取量 3 个指标评估正式调研所获数据的效度。如表 6 - 1 显示，可以发现行为态度、主观规范、群体意识、面子意识、感知行为控制、购买意愿、生产主体信任、政府信任、社会监管主体信任、进口产品信任的测量变量的标准化因子负荷量均大于 0.600，组合信度均大于 0.700，平均方差抽取量均大于 0.500，说明量表具有良好的建构效度。

二、假说检验

（一）传统计划行为理论模型解释力的假说检验

本书第三章的第一部分中，提出了 H2 "传统计划行为理论对消费者国产婴幼儿配方乳粉购买意图和行为具有一定的解释力"。为了实证检验传统计划行为理论模型在本研究中对消费者国产婴幼儿配方乳粉购买意愿和购买行为的解释力，本部分将对依据传统计划行为理论构建的消费者国产婴幼儿配方乳粉购买行为理论模型进行拟合度检验，并分析讨论路径关系结果。

1. 传统计划行为理论模型适配度检验

表 6 - 2 展示了基于传统计划行为理论构建的理论模型与样本数据的拟合度及其对消费者国产婴幼儿配方乳粉购买意愿和行为的解释力。拟合度方面，卡方自由度比为 2.210＞2.000，不符合模型适配标准，其他适配指标均达到了适配标准，说明传统计划行为理论模型与样本数据的拟合度一般，但基本符合要求，可以进一步进行路径分析；解释力方面，购买意愿的 R^2 为 0.757，代表传统计划行为理论模型能够解释 75.7% 的消费者国产婴幼儿配方乳粉购买意愿差异，购买行为的 R^2 为 0.508，代表该模型能够解释 50.8% 的消费者购买行为差异。因此，H2 得到了验证，说明在一定程度上传统计划行

为理论模型能够解释消费者国产婴幼儿配方乳粉购买意愿和行为。

表6-2　传统计划行为理论模型拟合度检验及变量解释力

适配指标	卡方自由度比	GFI	TLI	CFI	IFI	RMSEA	R^2	
							购买意愿	购买行为
适配标准	<2.000	>0.900	>0.900	>0.900	>0.900	<0.050 为优良	—	—
模型1	2.210	0.969	0.988	0.992	0.992	0.045	0.757	0.508

资料来源：根据样本数据计算得出。

注：模型1为传统计划行为理论模型。

2. 传统计划行为理论模型中"主观规范"的作用

利用AMOS22.0对模型进行路径分析，得到了传统计划行为理论各变量之间的路径关系结果。如图6-1所示，图中标注了各变量之间的标准化路径系数以及显著性。主观规范对消费者国产婴幼儿配方乳粉的购买意愿具有显著负向影响，路径系数为-0.190，主观规范的路径系数较低，说明当消费者感知到身边的人希望其购买进口婴幼儿配方乳粉时，其对国产婴幼儿配方乳粉的购买意愿会降低，鉴于主观规范与购买意愿之间的路径系数偏小，消费者国产婴幼儿配方乳粉购买意愿受周围的人的影响不大。但结合相关文献和消费者访谈资料，我们发现消费者是否购买国产婴幼儿配方乳粉会较大程度地受到周围的人意见和态度的影响，这与以上的结论相矛盾。本研究认为这可能是由于主观规范的变量含义向消费者传达的施压主体和施压方式是不明确的，降低了对消费者行为的影响力；尤其在中国熟人社会的背景下，与社会压力相比，消费者的人际关系对其行为的影响更加直接。

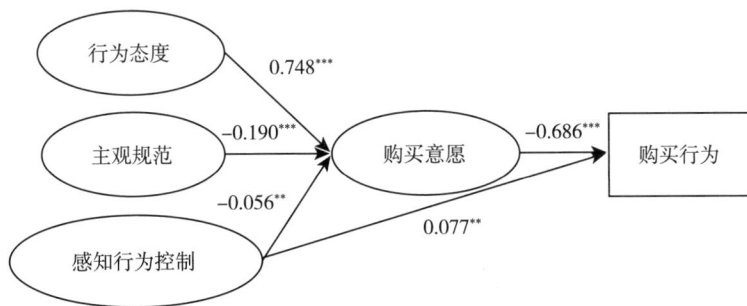

图6-1　传统计划行为理论模型估计结果

注：＊＊＊、＊＊、＊分别表示在1%、5%、10%的统计水平上显著。

（二）修正计划行为理论模型解释力及变量关系的假说检验

本书第三章的第一部分针对传统计划行为理论存在的缺陷进行了修正，将"主观规范"替换为"群体意识"和"面子意识"，并提出了 H3 "相较于传统计划行为理论，修正计划行为理论提高了对消费者国产婴幼儿配方乳粉购买意愿和行为的解释力"。为了实证检验修正计划行为理论模型在本研究中对消费者国产婴幼儿配方乳粉购买意愿和购买行为的解释力，本章此部分将对依据修正计划行为理论构建的消费者国产婴幼儿配方乳粉购买行为理论模型进行拟合度检验，并分析讨论路径关系结果。

1. 修正计划行为理论模型适配度检验

表 6-3 展示了基于传统和修正计划行为理论构建的理论模型与样本数据的拟合度对比，以及相较于传统计划行为理论，修正计划行为理论对消费者国产婴幼儿配方乳粉购买意愿和购买行为解释力的变化。拟合度方面，修正计划行为理论的所有适配指标均达到了结构方程模型适配标准，拟合度良好，而传统计划行为理论出现一个未合格的适配指标，说明修正计划行为理论模型与样本数据的拟合度优于传统计划行为理论。解释力方面，购买意愿的 R^2 为 0.782，代表修正计划行为理论模型能够解释 78.2% 的消费者国产婴幼儿配方乳粉购买意愿差异，较传统计划行为理论明显增加了 2.5% 的解释力；购买行为的 R^2 为 0.509，代表模型 2 能够解释 50.9% 的消费者购买行为差异，较传统计划行为理论仅提高了 0.1% 的解释力，可能是由于直接影响购买行为的变量未发生变化，导致修正计划行为理论对购买行为的解释力变化不大。因此，H3 得到了验证，相比传统计划行为理论，修正计划行为理论更好地解释了消费者国产婴幼儿配方乳粉购买意愿和购买行为差异。

表 6-3 传统与修正计划行为理论模型拟合度检验及变量解释力比较

适配指标	卡方自由度比	GFI	TLI	CFI	IFI	RMSEA	R^2	
							购买意愿	购买行为
适配标准	<2.000	>0.900	>0.900	>0.900	>0.900	<0.050 为优良	—	—
模型 1	2.210	0.969	0.988	0.992	0.992	0.045	0.757	0.508
模型 2	1.757	0.969	0.991	0.993	0.993	0.035	0.782	0.509

注：模型 1 为传统计划行为理论模型；模型 2 为修正计划行为理论模型。

2. 修正计划行为理论模型中"主观规范"的作用

利用 AMOS22.0 对模型进行路径分析，得到了修正计划行为理论各变量之间的路径关系结果。如图 6－2 所示，图中标注了各变量之间的标准化路径系数以及显著性。替换主观规范的群体意识和面子意识均对购买意愿具有显著影响，其中，群体意识对消费者国产婴幼儿配方乳粉的购买意愿具有显著负向影响，路径系数为－0.290，较主观规范的影响力显著增加了52.6%，说明相比于模糊的社会压力，亲戚、朋友和同事购买进口婴幼儿配方乳粉的行为以及给予消费者的购买进口婴幼儿配方乳粉的建议，对消费者国产婴幼儿配方乳粉的购买意愿产生了更强的抑制作用，达到了对传统计划行为理论的修正目的。而面子意识对消费者购买意愿产生了显著正向影响，路径系数为0.069，即消费者越认为购买进口婴幼儿配方乳粉是一件有面子的事，购买国产婴幼儿配方乳粉的意愿越强烈。分析后可以发现，面子意识与购买意愿之间的作用方式与 H5"面子意识对消费者国产婴幼儿配方乳粉购买意愿具有显著负向影响"相反。研究发现消费者对购买进口婴幼儿配方乳粉的面子意识普遍较低，大多数消费者对购买进口婴幼儿配方乳粉是一件有面子的事的认同程度处于很不同意和有点不同意之间。进一步分析发现，样本中实际购买国产婴幼儿配方乳粉的消费者的面子意识高于实际购买进口婴幼儿配方乳粉的消费者的。之所以出现了面子意识显著正向影响消费者国产婴幼儿配方乳粉购买意愿的情况，可能是因为部分消费者倾向于更同意购买进口婴幼儿配方乳粉是一件有面子的事，但受到购买渠道、产品价格等客观因素的影响，不得不购买国产婴幼儿配方乳粉，导致其对国产婴幼儿配方乳粉的购买意愿同样较高。另外，李东进等人的研究结论表明，修正计划行为理论中群体意识和面子意识与购买意愿的路径系数均高于行为态度与购买意愿的路径系数，证明了在中国文化背景下社会压力对消费者购买意愿的影响强于个人因素。但在本研究的修正计划行为理论中，群体意识和面子意识与购买意愿之间的路径系数仍明显低于行为态度与购买意愿的，这可能是由于李东进等人是以消费者对手机购买意愿为例证明修正计划行为理论在中国文化背景中的适用性。在选购婴幼儿配方乳粉的过程中，消费者虽然会考虑周围人的做法和建议，但相对于手机使用群体而言，婴幼儿配方乳粉的食用者是处于身体发育关键阶段的婴幼儿，消费者最看重的是产品安全性，选购产品时消费者会慎重理性地分析产品安全性，而不会过多地关注周围人的看法，消费者对该产品安全性的分析结果会形成其对购买该产品的行为态度。因此，在本研究中消费者个人因素对购买意愿的影响强于群体意识和面子意识。

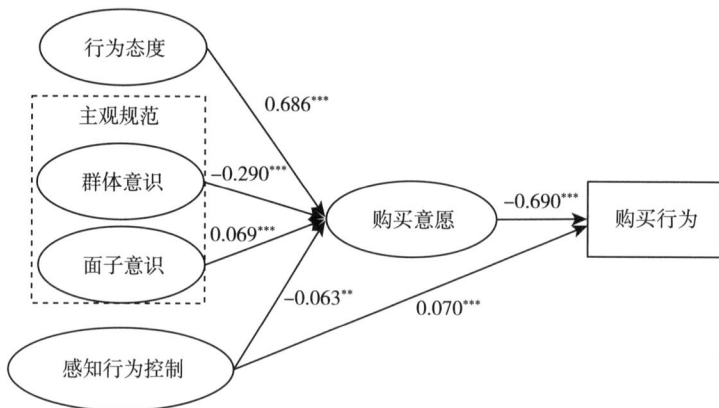

图 6-2　修正计划行为理论模型的估计结果

注：***、**、*分别表示在1%、5%、10%的统计水平上显著。

（三）扩展计划行为理论模型解释力及变量关系的假说检验

1. 模型结构

本书第三章的第一部分提及，在充分考虑婴幼儿配方乳粉的产品特性后，将安全信任变量引入修正计划行为理论，构建了扩展计划行为理论，并从信任对象的角度将安全信任划分为政府信任、生产主体信任、进口产品信任以及社会监管主体信任，并提出了 H10 "相比修正计划行为理论，扩展计划行为理论进一步提高了对消费者国产婴幼儿配方乳粉购买意愿和行为的解释力"。基于此，本书所构建的安全信任与消费者国产婴幼儿配方乳粉购买行为的关系的理论模型如图 6-3 所示，图中标注了变量关系与本书第三章第一部分提出的研究假说之间的对应关系。另外，针对图 6-3 中部分路径关系做如下说明：第一，图 6-3 中标注的购买意愿与购买行为之间路径关系符号与前文假说相反，是由于测量购买行为时，将国产婴幼儿配方乳粉赋值为 "1"，进口婴幼儿配方乳粉赋值为 "2"，路径系数符号与假说作用方向相反；第二，图 6-3 中标注的感知行为控制与购买意愿之间路径关系符号与前文假说相反，是由于感知行为控制的测量变量衡量了消费者感知购买进口婴幼儿配方乳粉的容易程度，消费者感知到购买进口婴幼儿配方乳粉越容易，对国产婴幼儿配方乳粉的购买意愿越低；第三，由于感知行为控制和购买行为的测量变量均为反向计分，图 6-3 中两者的路径关系与前文假说保持一致。

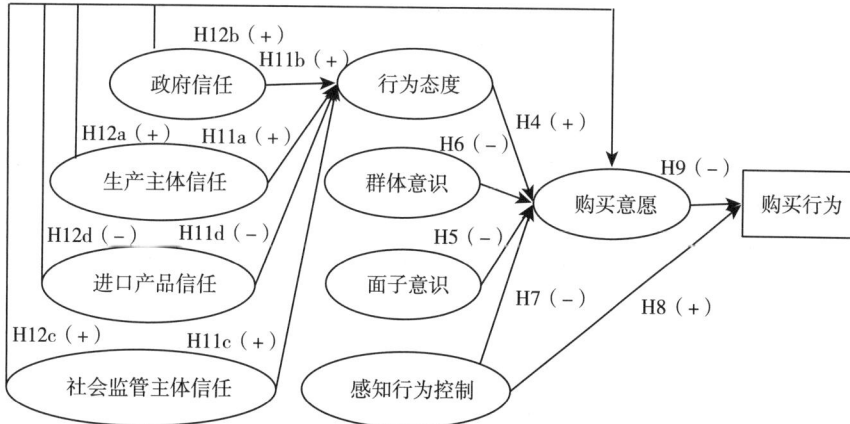

图 6-3　扩展计划行为理论模型及假说示意图

本研究根据扩展计划行为理论模型利用 AMOS22.0 绘制了安全信任与消费者国产婴幼儿配方乳粉购买行为关系的路径分析结构模型，并结合修正指标和理论基础逐步修正得出最优模型（为了避免篇幅过长，模型的修正过程未详细阐述）。图 6-4 所示为最优路径分析结构模型图，由于只需要一个测量变量就可以准确地表达出购买行为潜在特质概念，在结构模型图中可以直接以显性变量的方形对象表示。因此，结构模型图中包含 9 个椭圆形的潜在变量和 1 个方形的测量变量，这种路径结构模型图是一种混合模型。

2. 扩展计划行为理论模型适配度检验

表 6-4 展示了基于传统、修正与扩展计划行为理论构建的理论模型的拟合度对比，以及各理论模型对消费者国产婴幼儿配方乳粉购买意愿和购买行为的解释力对比。其中，将传统和修正计划行为理论分别命名为模型 1 和模型 2，为了进一步证实修正计划行为理论解释力的增强，本研究还将安全信任引入传统计划行为理论构建理论模型 3，与扩展计划行为理论模型（模型 4）进行拟合度和解释力的对比分析。拟合度方面，模型 1 和模型 3 的卡

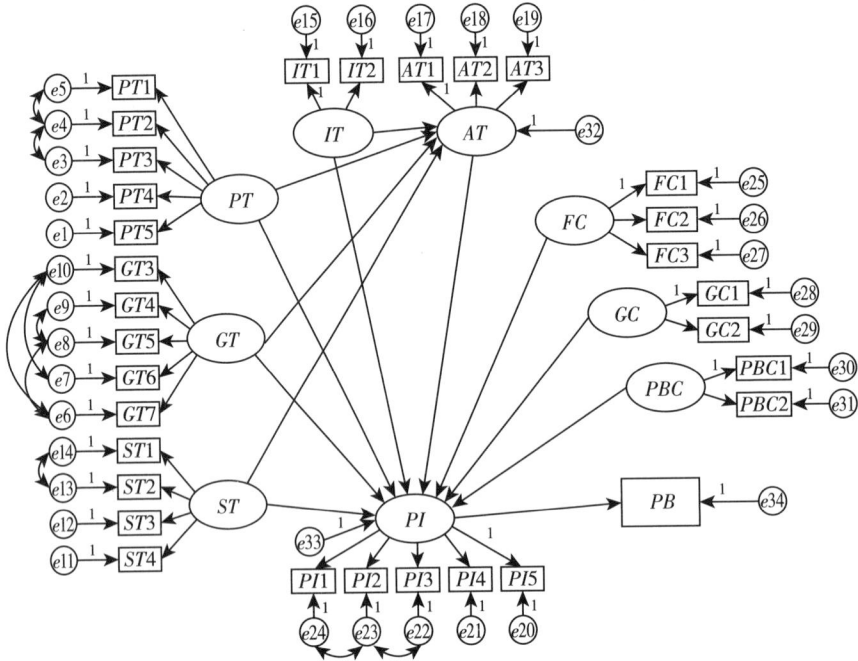

图 6-4　扩展计划行为理论最优路径分析结构模型图

注：由于最优模型图中存在 7 个外因潜在变量，为了避免模型图的路径过于繁杂，图中省略未标出外因潜在变量之间的双箭头联结关系。

方自由度比分别为 2.210、2.098，均大于适配标准的最高限值，但模型 1 和模型 3 的其他适配指标均符合适配标准，说明基于传统计划行为理论构建的理论模型与样本数据拟合度一般。模型 2 和模型 4 的所有适配指标均符合适配标准，证明模型 2 和模型 4 的拟合度良好，说明基于修正计划行为理论构建的理论模型与样本数据拟合度良好。解释力方面，模型 4 中购买意愿的 R^2 为 0.801，代表模型 4 能够解释 80.1% 的消费者国产婴幼儿配方乳粉购买意愿差异，较模型 2 提高了 1.9% 的解释力；购买行为的 R^2 为 0.517，代表模型 4 能够解释 51.7% 的消费者国产婴幼儿配方乳粉购买行为差异，较模型 2 提高了 0.8% 的解释力。因此，假说 10 得到了验证，说明相比修正计划行为理论，扩展计划行为理论进一步提高了对消费者国产婴幼儿配方乳粉购买意愿和购买行为差异的解释力。另外，比起模型 3，模型 4 对购买意愿和购买行为的解释力分别增加了 2.0% 和 0.6%。通过对比模型 3 和模型

4 的拟合度和变量解释力，进一步证明了在中国文化背景下研究消费者行为进行传统计划行为理论修正的必要性。

表 6 – 4　传统、修正与扩展计划行为理论模型拟合度检验及变量解释力比较

适配指标	卡方自由度比	GFI	TLI	CFI	IFI	RMSEA	R^2	
							购买意愿	购买行为
适配标准	<2.000	>0.900	>0.900	>0.900	>0.900	<0.050 为优良	—	—
模型 1	2.210	0.969	0.988	0.992	0.992	0.045	0.757	0.508
模型 2	1.757	0.969	0.991	0.993	0.993	0.035	0.782	0.509
模型 3	2.098	0.924	0.976	0.980	0.980	0.043	0.781	0.511
模型 4	1.825	0.928	0.980	0.983	0.983	0.037	0.801	0.517

注：模型 1 为传统计划行为理论模型；模型 2 为修正计划行为理论模型；模型 3 为引入安全信任的传统计划行为理论的模型；模型 4 为引入安全信任的修正计划行为理论模型，即扩展计划行为理论模型。

3. 扩展计划行为理论模型估计值

本研究运用 AMOS22.0 进行结构方程模型的路径分析，得出了各潜变量之间的标准化路径系数和显著性结果，具体如表 6 – 5 所示。表中给出了各路径关系的标准化路径系数、标准误差、临界比率和假说检验结果，具体假说检验结果及讨论如下：

在修正计划行为理论模型中：①行为态度（AT）与购买意愿（PI）之间的路径系数为 0.481，临界比率为 9.323>1.96，P 值小于 0.01，表明在 1% 的显著水平上，行为态度对消费者国产婴幼儿配方乳粉的购买意愿具有显著的正向影响，H4 得到验证，这与之前关于乳制品的研究一致（Hoque et al.[145]，2018；Carfora et al.[165]，2019），表明消费者对执行国产婴幼儿配方乳粉购买行为的态度越积极，购买意愿也就越强烈。②面子意识（FC）与购买意愿（PI）之间的路径系数为 0.060，临界比率为 2.574>1.96，P 值小于 0.05，表明在 5% 的显著水平上，面子意识对消费者国产婴幼儿配方乳粉的购买意愿具有显著的正向影响，该检验结果与第六章第二部分的修正计划行为理论模型估计结果一致，H5 未得到验证，具体原因已在第六章第二部分分析阐述，在此不再赘述。③群体意识（GC）与购买意愿（PI）之间的路径系数为 −0.265，临界比率的绝对值 8.746>1.96，P 值小于 0.01，表明在 1% 的显著水平上，群体意识对消费者国产婴幼儿配方乳粉的购买意愿具有显著的负向影响，H6 得到验证，这与之前李东进等人对消费者手机购买意愿的研究相一致（李东进等[29]，2009），表明当消费者感知到身边的亲戚、朋友和同事大多购买进口婴幼儿配方乳粉并向其推荐时，其对国产婴幼儿配方乳粉的购买意愿将会降低。④感知行为控制（PBC）与购买意愿（PI）之间的路径系数为 -0.061，临界比率的绝对值为 $2.668>1.96$，P 值小于 0.01，表明在 1% 的显著水平上，消费者对进口婴幼儿配方乳粉购买行为的感知容易度与其国产婴幼儿配方乳粉的购买意愿成反比，H7 得到验证，在消费者自身收入、生活区域等客观条件对其购买进口婴幼儿配方乳粉不存在巨大障碍时，消费者可能更愿意购买进口婴幼儿配方乳粉，但客观条件对消费者是否国产婴幼儿配方乳粉的影响较小，可能是消费者为了保证其购买的产品的安全性，会尽可能地克服客观条件的阻碍去购买其认为最安全的产品。⑤感知行为控制（PBC）与购买行为（PB）之间的路径系数为 0.067，临界比率为 $2.152>1.96$，P 值为 $0.031<0.05$，表明在 5% 的显著水平上，感知行为控制对消费者国产婴幼儿配方乳粉的购买行为具有显著的正向影响，H8 得到验证。与感知行为控制（PBC）和购买意愿（PI）之间的路径系数相比，感知行为控制（PBC）和购买行为（PB）的路径系数略高，说明感知行为控制对购买行为的影响略大于购买意愿，可能是因为部分消费者在衡量自身对国产婴幼儿配方乳粉购买意愿时，并未考虑其实现购买意愿的能力，而在执行购买行为时感知行为控制才发挥作用。⑥购买意愿（PI）与购买行为（PB）之间的路径系数为 -0.697，临界比率的绝对值为 $21.145>1.96$，P 值小于 0.01，表明在 1% 的显著水平上，消费者对国产婴幼儿配方乳粉的购买意愿与其国产婴幼儿配方乳粉购买行为呈现显著正向相关性，H9 得到验证。

在扩展计划行为理论中：①在安全信任与行为态度的关系中，H11 得到了部分验证。生产主体信任（PT）与行为态度（AT）之间的路径系数为 0.864，临界比率为 $13.319>1.96$，P 值小于 0.01，表明在 1% 的显著水平上，消费者对生产主体的信任程度对其行为态度具有显著的正向影响，H11a 得到验证，这说明消费者越信任国产婴幼儿配方乳粉的生产主体控制保证产品安全的客观能力和主观意愿，其对购买国产婴幼儿配方乳粉的态度越积极。政府信任（GT）和行为态度（AT）、社会监管主体信任（ST）和行为态度（*AT*）之间的临界比率分别为 0.857、0.439，均小于 1.96，H11b 和 H11c 均未得到验证，说明消费者对政府和社会监管主体的信任对其行为态度无显著影响，这可能是因为行为态度主要是指执行某一行为的工具性，即个人对执行某行为对其有用或有害、有价值或无价值的评估，消费者对购买国产婴幼儿配方乳粉的态度则取决于其对国产婴幼儿配方乳粉产品的有用性、无害性的主观评价。婴幼儿配方乳粉生产主体行为是影响产品安全的直接因素；政府和社会监管主体仅起到了监管和保障婴幼儿配方乳粉产品安全的作用，他们对消费者评估国产婴幼儿配方乳粉产品的有用性和无害性并无明显影响。因此，政府信任和社会监管主体信任对行为态度的影响不显著。进口产品信任（*IT*）与行为态度（*AT*）之间的路径系数为－0.061，临界比率的绝对值为 2.593＞1.96，*P* 值为 0.010＜0.05，表明在 5% 的显著水平上，消费者对进口产品的信任程度对其行为态度具有显著的负向影响，H11d 得到验证。在某种意义上来说，进口婴幼儿配方乳粉是国产婴幼儿配方乳粉的替代品。当消费者对进口婴幼儿配方乳粉的安全性比较信任时，会降低其对购买国产婴幼儿配方乳粉的有用性和无害性评价，购买国产婴幼儿配方乳粉的行为态度也就随之降低，但影响较小。②在安全信任与购买意愿的关系中，H12 同样仅得到了部分验证。在消费者安全信任的四个主体中，只有政府信任对消费者国产婴幼儿配方乳粉购买意愿具有显著影响。政府信任（*GT*）与购买意愿（*PI*）之间的路径系数为 0.131，临界比率为 2.072＞1.96，*P* 值为 0.038＜0.05，表明在 5% 的显著水平上，政府信任对消费者国产婴幼儿配方乳粉购买意愿具有显著的正向影响，H12b 得到验证。可能的解释是，社会的正常运转主要依靠制度的约束，而政府是社会制度的制定者，政府监管是保障国产婴幼儿配方乳粉产品安全的直接要素。因此，消费者在考虑是否购买国产婴幼儿配方乳粉时，自然会想到政府是否能够保证其所购买的产品安全，当消费者相信政府有能力和意愿保证国产婴幼儿配方乳粉的产品安全时，购买国产婴幼儿配方乳粉的意愿也会增强。消费者对媒体、专家等社会监管主体的信任程度对购买意愿并无显著影响。可能的原因是，2008 年三鹿奶粉事件之后，消费者对政府保证国产婴幼儿配方乳粉产品安全的能力产生了极大的质疑，且尚未完全恢复，社会监管主体作为国产婴幼儿配方乳粉产品安全的次要监管者，消费者对其的信任度自然不会显著影响购买意愿。另外，消费者对生产主体和进口产品的信任度主要依靠对生产主体和进口产品的主观认知，更多地影响消费者的行为态度，可能不会对购买意愿产生显著影响。

表 6-5　扩展计划行为理论的结构方程模型估计结果

假说	路径关系	标准化路径系数	标准误差	临界比率	结果
H4	AT→PI	0.481***	0.054	9.323	接受
H5	FC→PI	0.060**	0.025	2.574	拒绝
H6	GC→PI	−0.265***	0.029	−8.746	接受
H7	PBC→PI	−0.061***	0.035	−2.668	接受
H8	PBC→PB	0.067**	0.015	2.152	接受
H9	PI→PB	−0.697***	0.010	−21.145	接受
H11a	PT→AT	0.864***	0.075	13.319	接受
H11b	GT→AT	0.058	0.088	0.857	拒绝
H11c	ST→AT	0.029	0.082	0.439	拒绝
H11d	IT→AT	−0.061**	0.023	−2.593	接受
H12a	PT→PI	0.062	0.094	0.800	拒绝
H12b	GT→PI	0.131**	0.087	2.072	接受
H12c	ST→PI	0.083	0.081	1.360	拒绝
H12d	IT→PI	−0.031	0.025	−1.261	拒绝

注：***、**、*分别表示在1%、5%、10%的统计水平上显著。

为了更直观地体现各潜变量对消费者国产婴幼儿配方乳粉购买行为的影响，本研究分析了它们的直接效应、间接效应和总效应（表 6-6）。总效应方面，作为预测消费者国产婴幼儿配方乳粉购买行为的最直接因素，购买意愿对消费者国产婴幼儿配方乳粉购买行为的影响最大（−0.697）。在间接影响购买行为的修正计划行为理论变量中，行为态度对购买行为产生的影响总效应最大（−0.335），其次是群体意识（0.185）和感知行为控制（0.110），这与深度访谈过程中所了解到的消费者的决策过程相一致，大多消费者表示自己在选购婴幼儿配方乳粉时，会结合相关信息形成自身对各产品安全的认知，如果自己的认知与亲戚、朋友或同事的选择和推荐不一致，消费者更可能会坚持自己的想法，最后才会考虑自身条件对该产品的感知行为控制。在安全信任变量中，作为国产婴幼儿配方乳粉产品安全的直接相关者，消费者

对生产主体的信任度是影响其购买行为的最主要因素，影响总效应为
-0.333。作为产品安全的保障者，消费者对监管主体的信任度对其购买行
为的影响总效应不及生产主体，其中政府信任（主要监管者）的总效应略高
于社会监管主体信任（次要监管者），分别为-0.072和-0.068。作为国产
婴幼儿配方乳粉的替代品，消费者对进口婴幼儿配方乳粉的信任度对其购买
行为的影响总效应最小，为0.042。直接效应方面，购买意愿是预测消费者
国产婴幼儿配方乳粉购买行为的最直接因素，其对购买行为的影响远大于感
知行为控制，主要原因是安全性是消费者重视的产品要素。间接效应方面，
行为态度和生产主体信任是间接影响消费者国产婴幼儿配方乳粉购买行为的
重要因素。

表6-6　潜变量对国产婴幼儿配方乳粉购买行为的影响效应

变量关系	直接效应	间接效应	总效应
$AT{\rightarrow}PB$	—	-0.335	-0.335
$FC{\rightarrow}PB$	—	-0.042	-0.042
$GC{\rightarrow}PB$	—	0.185	0.185
$PBC{\rightarrow}PB$	0.067	0.042	0.110
$PT{\rightarrow}PB$	—	-0.333	-0.333
$GT{\rightarrow}PB$	—	-0.072	-0.072
$ST{\rightarrow}PB$	—	-0.068	-0.068
$IT{\rightarrow}PB$	—	0.042	0.042
$PI{\rightarrow}PB$	-0.697	—	-0.697

三、本章小结

本章旨在实证检验安全信任对国产婴幼儿配方乳粉购买行为的影响机
理。通过计算$Cronbach's\ \alpha$系数值、标准化因子负荷量、组合信度和平均方
差抽取量四个指标值检验604份有效样本数据的信度和效度后，运用
AMOS22.0分别对基于传统、修正和扩展计划行为理论构建的模型进行适配
度检验和假说检验。适配度检验方面，传统、修正和扩展计划行为理论模型
均通过了适配度检验，修正计划行为理论模型与样本数据的拟合度较传统计

划行为理论更高。假说检验方面，三个理论模型对消费者国产婴幼儿配方乳粉购买意愿和购买行为的解释力排序为扩展计划行为理论＞修正计划行为理论＞传统计划行为理论，H2、H3和H10得到验证。安全信任对消费者国产婴幼儿配方乳粉购买行为影响机理的假说检验结果显示：行为态度、群体意识、感知行为控制对国产婴幼儿配方乳粉购买意愿具有显著影响，H4、H6和H7得到验证，感知行为控制和购买意愿对国产婴幼儿配方乳粉购买行为具有显著影响，H8和H9得到验证，其中购买意愿的总效应和直接效应最大，行为态度的间接效应最大；安全信任变量中，生产主体信任和进口产品信任通过行为态度影响购买行为，H11a和H11d得到验证，政府信任通过购买意愿影响购买行为，H12b得到验证，生产主体信任对购买行为影响的间接效应最大。

第七章　人口统计特征对安全信任与国产婴幼儿配方乳粉购买行为关系的调节作用分析

　　本书的假说提出部分为人口统计特征对安全信任与国产婴幼儿配方乳粉购买行为之间关系的调节作用提供了理论依据，但仅在研究背景部分简要介绍了不同人口统计特征的消费者对国产婴幼儿配方乳粉安全信任和购买行为的现实情况，事实依据不够充分。因此，本章首先利用样本数据对不同人口统计特征的消费者之间安全信任程度和购买行为特征存在的差异进行了描述性分析，在此基础上，利用多群组结构方程模型分析了人口统计特征在安全信任与国产婴幼儿配方乳粉购买行为之间所起到的调节作用。

一、不同人口统计特征的消费者安全信任和购买行为对比

（一）不同人口统计特征的消费者安全信任对比

1. 不同人口统计特征的消费者生产主体信任对比

　　此部分以性别、孩子数量、家庭所有成员月收入、受教育程度和生活区域为变量，比较不同人口统计特征的消费者对生产主体信任程度的差别，采用独立样本 T 检验和单因素方差分析法实证分析不同群组之间的差异显著程度。以性别和孩子数量为标准进行样本划分时，群组数量均为 2 个，可以采用独立样本 T 检验方法比较组间差异；而根据收入、受教育程度和生活区域对样本进行分组时，群组数目分别是 7、5、3 个，需要采用单因素方差

分析法分析比较组间差异。

（1）性别角度。从表7-1中可以看出，从各题项的平均值的角度看，男性和女性消费者对于生产主体的信任程度均在不确定和有点信任之间。但男性消费者对生产主体的信任程度低于女性，平均信任程度均值分别为4.51和4.85，独立样本 T 检验的双侧 $Sig.$ 值为 0.008＜0.01，表明在 1% 的显著水平上，男性和女性消费者的生产主体信任程度存在明显差别。

组内比较显示，男性消费者对"中国婴幼儿配方乳粉企业会遵循生产标准加工产品（$PT1$）"的认同度最高，而对"企业宣传的产品信息的真实（$PT4$）"的怀疑最强烈；女性消费者对"奶农生产的生牛乳符合安全标准（$PT5$）"，同样对"企业宣传的产品信息的真实（$PT4$）"的认同度最低。

组间比较显示，女性消费者的五个测量变量的均值均高于男性，其中测量变量"中国婴幼儿配方乳粉生产企业特别注重保证产品安全（$PT2$）"、"企业宣传的产品信息的真实（$PT4$）"和"奶农生产的生牛乳符合安全标准（$PT5$）"的差异显著，女性消费者倾向于有点信任生产企业保证产品安全的主观意愿、产品宣传信息的真实性以奶源的安全性，但男性消费者的信任程度更偏向于不确定。

表7-1　不同性别的消费者生产主体信任对比

编号	男性组均值	女性组均值	T	$Sig.$
$PT1$	4.71	4.91	-1.376	0.170
$PT2$	4.49	4.86	-2.417	0.016
$PT3$	4.56	4.83	-1.782	0.076
$PT4$	4.23	4.67	-2.910	0.004
$PT5$	4.56	4.97	-2.912	0.004
平均	4.51	4.85	-2.676	0.008

资料来源：根据样本数据整理。

（2）孩子数量角度。从表7-2中可以看出，从各题项的平均值的角度看，有一孩及以下和二孩及以上的消费者对于生产主体的信任均处于不确定和有点信任之间，但有一孩及以下的消费者对生产主体的信任程度略高于有二孩及以上的消费者，平均信任程度均值分别为 4.77 和 4.68，但独立样本 T 检验的双侧 $Sig.$ 值为 0.494＞0.01，两组消费者的平均生产主体信任程度没有显著差别。

组内比较显示，有一孩及以下的消费者对"奶农生产的生牛乳符合安全标准（PT5）"的认同度最高，对"企业宣传的产品信息的真实（PT4）"的怀疑最强烈；而有二孩及以上的消费者对"中国婴幼儿配方乳粉企业会遵循生产标准加工产品（PT1）"的认同度最高，同样对"企业宣传的产品信息的真实（PT4）"的认同度最低。

组间比较显示，五个测量变量的 $Sig.$ 值均大于 0.05，表明两组消费者对五个测量变量的认同程度差异不显著。二孩及以上组的消费者对"中国婴幼儿配方乳粉企业会遵循生产标准加工产品（PT1）"的认同度略高于一孩及以下组的消费者，而一孩及以下组的消费者在生产企业保证产品安全的重视程度、控制能力、宣传信息的真实性以及奶农对生牛乳安全标准的执行度四个方面相对更加认可。

表 7 - 2 不同孩子数量的消费者生产主体信任对比

编号	一孩及以下组均值	二孩及以上组均值	T	$Sig.$
PT1	4.84	4.90	-0.445	0.656
PT2	4.77	4.69	0.527	0.599
PT3	4.77	4.68	0.540	0.590
PT4	4.57	4.41	1.073	0.284
PT5	4.90	4.69	1.457	0.146
平均	4.77	4.68	0.684	0.494

资料来源：根据样本数据整理。

（3）家庭所有成员月收入角度。从表 7 - 3 中可以看出，从各题项的平均值的角度看，家庭所有成员月收入在 8 000 元以下的消费者对生产主体信任程度在有点信任和比较信任之间，而家庭所有成员月收入在 8 001 元以上的消费者的生产主体信任程度均在不确定和有点信任之间。家庭所有成员月收入与消费者对生产主体信任度大致呈负向相关关系，家庭所有成员月收入由低到高的消费者生产主体信任的平均均值* 依次为 5.44、5.11、5.02、4.65、

---

* 本书中"平均均值"是指消费者对各主体信任程度的平均水平，由对各测量题项的认同程度的均值计算平均数得到，为了行文需要，可简称"平均均值"。——编者注

4.50、4.66、4.17。单因素方差分析中的 *Sig.* 值为 0.000＜0.01，表明在 1％ 的显著水平上，不同月收入的消费者的生产主体信任程度存在明显差别。

组内比较显示，家庭所有成员月收入在 3 000 元以下的消费者对"中国婴幼儿配方乳粉生产企业特别注重保证产品安全（*PT2*）"的认同度最高，家庭所有成员月收入在 3 001～8 000 元及 20 001 元以上的消费者对"中国婴幼儿配方乳粉企业会遵循生产标准加工产品（*PT1*）"的认同度最高，家庭所有成员月收入在 8 001～20 000 元的消费者最认可"奶农生产的生牛乳符合安全标准（*PT5*）"。而所有组别的消费者均对"企业宣传的产品信息的真实（*PT4*）"的认同度最低，与不同性别和孩子数量组的结果相一致。

组间比较显示，随着消费者家庭月收入的增加，五个测量变量的均值均大致呈下降趋势，均在家庭所有成员月收入 15 001～20 000 元的消费者组别处略有波动，且 *Sig.* 值均为 0.000＜0.05，表明五个测量变量均值在不同家庭月收入群体之间差异显著。在题项 PT4 中，仅家庭所有成员月收入在 3 000 元以下的消费者认同度在有点信任和比较信任之间，其他组别的消费者认同度在不确定和有点信任之间；在题项 *PT1*、*PT2*、*PT3*（中国婴幼儿配方乳粉生产企业能够控制产品安全）和 PT5 中，家庭所有成员月收入在 8 000 元以下的消费者认同度在有点信任和比较信任之间，而家庭所有成员月收入在 8 001 元以上的消费者认同度在不确定和有点信任之间。

表 7-3　不同家庭所有成员月收入的消费者生产主体信任对比

编号	3 000 元以下均值	3 001～5 000 元均值	5 001～8 000 元均值	8 001～10 000 元均值	10 001～15 000 元均值	15 001～20 000 元均值	20 001 元以上均值	*F*	*Sig.*
PT1	5.50	5.24	5.16	4.70	4.55	4.73	4.40	4.969	0.000
PT2	5.58	5.17	5.05	4.71	4.39	4.62	4.18	6.166	0.000
PT3	5.37	5.04	5.02	4.58	4.61	4.69	4.15	4.241	0.000
PT4	5.34	4.94	4.78	4.47	4.24	4.54	3.86	6.388	0.000
PT5	5.39	5.17	5.08	4.80	4.71	4.75	4.24	4.474	0.000
平均	5.44	5.11	5.02	4.65	4.50	4.66	4.17	6.193	0.000

资料来源：根据样本数据整理。

（4）受教育程度角度。从表 7-4 中可以看出，从测量变量的平均值的角度看，受教育程度在专科及以下的消费者对生产主体的平均信任程度在有点信任和比较信任之间，而受教育程度在本科及以上的消费者对生产主体的平均信任程度在不确定和有点信任之间。其中受教育程度与消费者对生产主体信任度大致呈负向相关关系，受教育程度由低到高的消费者生产主体信任的平均均值依次为5.36、5.21、4.54、4.21、4.54。单因素方差分析中的 $Sig.$ 值为0.000＜0.01，表明在1‰的显著水平上，不同受教育程度的消费者的生产主体信任程度存在明显差别。

组内比较显示，受教育程度在高中及以下、本科和博士的消费者对"中国婴幼儿配方乳粉企业会遵循生产标准加工产品（PT1）"的认可度最高，受教育程度为专科的消费者对"中国婴幼儿配方乳粉生产企业特别注重保证产品安全（PT2）"的认可度最高，受教育程度为硕士的消费者对"奶农生产的生牛乳符合安全标准（PT5）"的认可度最高。而所有组别的消费者均对"企业宣传的产品信息的真实的（PT4）"的认可度最低，该结果与总体、不同性别、孩子数量和家庭所有成员月收入组内比较结果一致。

组间比较显示，随着受教育程度的提高，五个测量变量的均值均大致呈下降趋势，即随着受教育程度的提升，从五个测量变量来看消费者的信任程度逐渐降低，但在受教育程度为博士的消费者组别处略有回升，其中 $Sig.$ 值均为0.000＜0.05，表明五个测量变量均值在不同受教育程度群体之间差异显著。

表7-4　不同受教育程度的消费者生产主体信任对比

编号	高中及以下均值	专科均值	本科均值	硕士均值	博士均值	F	$Sig.$
$PT1$	5.50	5.25	4.66	4.29	4.72	10.485	0.000
$PT2$	5.43	5.33	4.50	4.17	4.48	13.710	0.000
$PT3$	5.26	5.19	4.56	4.23	4.66	8.362	0.000
$PT4$	5.19	5.00	4.32	3.95	4.41	11.602	0.000
$PT5$	5.43	5.29	4.66	4.41	4.41	10.441	0.000
平均	5.36	5.21	4.54	4.21	4.54	13.174	0.000

资料来源：根据样本数据整理。

（5）生活区域角度。从表7-5中可以看出，从各测量变量的平均值的角度看，生活在一、二线和三、四线城市的消费者对生产主体的平均信任程度均在不确定和有点信任之间，而生活在县城的消费者对生产主体的平均信任程度在有点信任和比较信任之间。且消费者生活区域的等级越低，生产主体的平均信任程度越高，一、二线城市和三、四线城市以及县城的消费者对生产主体信任的平均均值依次为 4.38、4.93、5.20。单因素方差分析中的 $Sig.$ 值为 0.000<0.01，表明在 1% 的显著水平上，不同生活区域的消费者的生产主体信任程度存在明显差别。

组内比较显示，生活在一、二线城市的消费者对"中国婴幼儿配方乳粉企业会遵循生产标准加工产品（PT1）"的认可度最高，生活在三、四线城市的消费者对"奶农生产的生牛乳符合安全标准（PT5）"和 PT1 的认可度最高，生活在县城的消费者对测量变量 PT5 的认可度最高。而以生活区域为标准划分的所有组别的消费者均对测量变量 PT4 的认可度最低，该结论与其他人口特征变量情况一致。

组间比较显示，随着生活区域的等级的降低，五个测量变量的均值均呈上升趋势，且 $Sig.$ 值均为 0.000<0.05，表明五个测量变量均值在不同生活区域群体之间差异显著。在测量变量 PT1 和 PT5 中，生活在三、四线城市和县城的消费者的认同程度均在有点信任和比较信任之间，而生活在一、二线市的消费者的认同程度在不确定和有点信任之间；在测量变量 PT2 和 PT3 中，生活在县城的消费者的认同程度在有点信任和比较信任之间，而生活在一、二线和三、四线城市的消费者的认同程度均在不确定和有点信任之间；在测量变量 PT4 中，依据生活区域划分的所有组别的消费者的认可度均在不确定和有点信任之间。

表 7-5　不同生活区域的消费者生产主体信任对比

编号	一、二线城市均值	三、四线城市均值	县城均值	F	$Sig.$
PT1	4.51	5.05	5.22	12.358	0.000
PT2	4.36	4.95	5.24	16.090	0.000
PT3	4.42	4.86	5.24	12.496	0.000
PT4	4.17	4.74	4.96	14.144	0.000
PT5	4.46	5.05	5.33	18.731	0.000
平均	4.38	4.93	5.20	17.731	0.000

资料来源：根据样本数据整理。

2. 不同人口统计特征的消费者政府信任对比

此部分以性别、孩子数量、家庭所有成员月收入、受教育程度和生活区域为变量，比较不同人口统计特征的消费者对政府信任程度的差别，采用独立样本 T 检验和单因素方差分析法实证分析不同群组之间的差异显著程度。以性别和孩子数量为标准进行样本划分时，群组数量均为 2 个，可以采用独立样本 T 检验方法比较组间差异；而根据收入、受教育程度和生活区域对样本进行分组时，群组数目分别是 7、5、3 个，需要采用单因素方差分析法分析比较组间差异。

（1）性别角度。从表 7－6 中可以看出，从五个测量变量的平均值的角度看，男性消费者对政府的信任程度低于女性，男性消费者对政府的平均信任程度在不确定和有点信任之间，而女性消费者对政府的平均信任程度在有点信任和比较信任之间，平均信任程度均值分别为 4.95 和 5.17，独立样本 T 检验的双侧 $Sig.$ 值为 0.072＜0.1，表明在 10% 的显著水平上，男性和女性消费者的政府信任程度存在显著差别。

表 7－6　不同性别的消费者政府信任对比

编号	男性组均值	女性组均值	T	$Sig.$
GT3	5.21	5.39	−1.281	0.201
GT4	4.71	4.92	−1.510	0.132
GT5	5.01	5.32	−2.134	0.033
GT6	4.44	4.74	−2.057	0.040
GT7	5.38	5.47	−0.660	0.510
平均	4.95	5.17	−1.802	0.072

资料来源：根据样本数据整理。

组内比较显示，男性和女性消费者均对"政府特别注重婴幼儿配方乳粉产品安全（GT7）"的认同度最高，对"婴幼儿配方乳粉监管部门不会受到其他组织的不当影响（GT6）"的怀疑最强烈。

组间比较显示，女性消费者的五个测量变量的均值均高于男性，其中"政府会对违规企业严格依法惩处（GT5）"和 GT6 的均值在两组之间存在显著差异，女性比男性消费者更相信政府会严格依法惩处违规企业，并且不会受到其他组织的不当影响。另外，在"政府制定的婴幼儿配方乳粉生产标准是严格的（GT3）"、GT5 和 GT7 中，男性和女性消费者的认同程度均在有点信任和比较信任之间；在"政府制定的婴幼儿配方乳粉监管法规是健全的（GT4）"和 GT6 中，男性和女性消费者的认同程度均在不确定和有点信任之间。

（2）孩子数量角度。从表 7-7 中可以看出，从五个测量变量的平均值的角度看，有一孩及以下的消费者对政府的平均信任程度略低于有二孩及以上的消费者，但两组消费者对政府的平均信任程度均在有点信任和比较信任之间，平均信任程度均值分别为 5.10 和 5.11，但两组消费者的平均政府信任程度没有显著差别，独立样本 T 检验的双侧 Sig. 值为 0.934＞0.01。

组内比较显示，与不同性别组内比较相同，有一孩及以下的消费者和有二孩及以上的消费者均对"政府特别注重婴幼儿配方乳粉产品安全（GT7）"的认同度最高，对"婴幼儿配方乳粉监管部门不会受到其他组织的不当影响（GT6）"的怀疑最强烈。

组间比较显示，五个测量变量的 Sig. 值均大于 0.05，表明两组消费者对五个测量变量的认同程度差异不显著。另外，与不同性别组间比较相同，在"政府制定的婴幼儿配方乳粉生产标准是严格的（GT3）""政府会对违规企业严格依法惩处（GT5）"和 GT7 中，有一孩及以下和有二孩及以上的消费者的认同程度均在有点信任和比较信任之间；在"政府制定的婴幼儿配方乳粉监管法规是健全的（GT4）"和 GT6 中，有一孩及以下和有二孩及以上的消费者的认同程度均在不确定和有点信任之间。

表 7-7　不同孩子数量的消费者政府信任对比

编号	一孩及以下组均值	二孩及以上组均值	T	Sig.
GT3	5.34	5.35	−0.068	0.946
GT4	4.82	4.99	−1.117	0.264
GT5	5.26	5.12	0.886	0.376
GT6	4.65	4.64	0.077	0.939
GT7	5.44	5.47	−0.207	0.836
平均	5.10	5.11	−0.083	0.934

资料来源：根据样本数据整理。

（3）家庭所有成员月收入角度。从表 7 - 8 中可以看出，从五个测量变量的平均值的角度看，家庭所有成员月收入在 8 000 元以下和 10 001～20 000 元的消费者的平均信任程度在有点信任和比较信任之间，而家庭所有成员月收入在 8 001～10 000 元和 20 001 元以上的消费者的平均信任程度在不确定和有点信任之间。且家庭所有成员月收入与消费者对政府信任度大致呈负向相关关系，家庭所有成员月收入由低到高的消费者政府信任的平均均值依次为 5.41、5.45、5.40、4.92、5.00、5.10 以及 4.49。单因素方差分析中的 $Sig.$ 值为 0.000＜0.01，表明在 1% 的显著水平上，不同月收入的消费者的政府信任程度存在显著差别。

表 7 - 8　不同家庭所有成员月收入的消费者政府信任对比

编号	3 000 元以下均值	3 001～5 000 元均值	5 001～8 000 元均值	8 001～10 000 元均值	10 001～15 000 元均值	15 001～20 000 元均值	20 001 元以上均值	F	Sig.
GT3	5.42	5.72	5.66	5.19	5.26	5.15	4.83	3.555	0.002
GT4	5.21	5.21	5.16	4.62	4.76	4.79	4.31	3.888	0.001
GT5	5.53	5.65	5.55	5.14	5.14	5.17	4.39	5.199	0.000
GT6	5.18	5.00	4.92	4.44	4.39	4.87	4.03	4.902	0.000
GT7	5.71	5.65	5.73	5.21	5.44	5.51	4.88	3.420	0.003
平均	5.41	5.45	5.40	4.92	5.00	5.10	4.49	5.374	0.000

资料来源：根据样本数据整理。

组内比较显示，家庭所有成员月收入在 3 000 元以下和 5 001 元以上的消费者对"政府特别注重婴幼儿配方乳粉产品安全（GT7）"的认同度最高，而家庭所有成员月收入在 3 001～5 000 元的消费者对"政府制定的婴幼儿配方乳粉生产标准是严格的（GT3）"的认同度最高。而除家庭所有成员月收入在 15 001～20 000 元的消费者外，其他组别的消费者均对"婴幼儿配方乳粉监管部门不会受到其他组织的不当影响（GT6）"的认同度最低，该结果与性别和孩子数量比较一致；而家庭所有成员月收入在 15 001～20 000 元的消费者最不认同"政府制定的婴幼儿配方乳粉监管法规是健全的（GT4）"。

组间比较显示，随着消费者家庭月收入的增加，五个测量变量的均值均大致呈下降趋势，且 $Sig.$ 值均小于 0.05，表明五个测量变量均值在不同家庭月收入群体之间差异显著。在测量变量 $GT3$、"政府会对违规企业严格依法惩处（$GT5$）"和 $GT7$ 中，家庭所有成员月收入在 20 000 元以下的消费者的认同程度在有点信任和比较信任之间，而家庭所有成员月收入在 20 001 元以上的消费者的认同程度在不确定和有点信任之间；在测量变量 $GT4$ 中，家庭所有成员月收入在 8 000 元以下的消费者的认同程度在有点信任和比较信任之间，而家庭所有成员月收入在 8 001 元以上的消费者的认同程度在不确定和有点信任之间；在测量变量 $GT6$ 中，家庭所有成员月收入在 5 000 元以下的消费者的认同程度在有点信任和比较信任之间，而家庭所有成员月收入在 5 001 元以上的消费者的认同程度在不确定和有点信任之间。

（4）受教育程度角度。从表 7 - 9 中可以看出，从五个测量变量的平均值的角度看，受教育程度在专科及以下的消费者对政府的平均信任程度高于总体水平（5.10），均在有点信任和比较信任之间，而受教育程度在本科及以上的消费者对政府的平均信任程度低于总体水平，均在不确定和有点信任之间。受教育程度与消费者对政府信任度呈负向相关关系，受教育程度由低到高的消费者政府信任的平均均值依次为 5.67、5.41、4.95、4.74、4.70，单因素方差分析中的 $Sig.$ 值为 0.000＜0.01，表明在 1% 的显著水平上，不同受教育程度的消费者的生产主体信任程度存在显著差别。

组内比较显示，受教育程度在硕士及以下的消费者对"政府特别注重婴幼儿配方乳粉产品安全（$GT7$）"的认同度最高，受教育程度为博士的消费者对"政府制定的婴幼儿配方乳粉生产标准是严格的（$GT3$）"的认同程度最高。而所有组别的消费者均对"婴幼儿配方乳粉监管部门不会受到其他组织的不当影响（$GT6$）"的认同度最低，该结果与不同性别、孩子数量和家庭所有成员月收入的组内比较结果基本一致。

组间比较显示，随着受教育程度的提高，五个测量变量的均值大致呈下降趋势，且 $Sig.$ 值均小于 0.05，表明五个测量变量均值在不同受教育程度群体之间差异显著。在测量变量 $GT3$ 和 $GT7$ 中，按照受教育程度划分的所有组别的消费者的认同程度均在有点信任和比较信任之间；在测量变量 $GT6$ 和"政府制定的婴幼儿配方乳粉监管法规是健全的（$GT4$）"中，受教育程度在专科及以下的消费者的认同程度均在有点信任和比较信任之间，而受教育程度在本科及以上的消费者的认同程度在不确定和有点信任之间；在测量变量"政府会对违规企业严格依法惩处（GT5）"中，受教育程度在本科及以下的消费者的认同程度均在有点信任和比较信任之间，而受教育程度在硕士及以上的消费者的认同程度在不确定和有点信任之间。

表 7-9　不同受教育程度的消费者政府信任对比

编号	高中及以下均值	专科均值	本科均值	硕士均值	博士均值	F	Sig.
GT3	5.82	5.60	5.18	5.07	5.10	4.763	0.001
GT4	5.38	5.23	4.68	4.46	4.59	7.068	0.000
GT5	5.90	5.52	5.07	4.83	4.69	7.435	0.000
GT6	5.30	5.10	4.44	4.22	4.07	10.206	0.000
GT7	5.94	5.61	5.36	5.11	5.07	4.462	0.001
平均	5.67	5.41	4.95	4.74	4.70	9.024	0.000

资料来源：根据样本数据整理。

（5）生活区域角度。从表 7-10 中可以看出，从五个测量变量的平均值的角度看，生活区域在一、二线城市的消费者对于政府的平均信任程度低于总体水平，在不确定和有点信任之间；而生活区域在三、四线城市和县城的消费者的平均信任程度高于总体水平，在有点信任和比较信任之间。消费者生活区域的等级越低，政府信任度越高，一、二线城市和三、四线城市以及县城的消费者对政府信任的平均均值依次为 4.72、5.37、5.43，单因素方差分析中的 Sig. 值为 0.000＜0.01，表明在 1% 的显著水平上，不同生活区域的消费者的政府信任程度存在明显差别。

组内比较显示，生活在一、二线城市和三、四线城市以及县城的消费者均对"政府特别注重婴幼儿配方乳粉产品安全（GT7）"的认同程度最高，而均对"婴幼儿配方乳粉监管部门不会受到其他组织的不当影响（GT6）"的怀疑度最高，以上结果与不同性别、孩子数量、家庭所有成员月收入和受教育程度的组内比较结果基本一致。

组间比较显示，随着生活区域的等级的降低，五个测量变量的均值均呈上升趋势，且 Sig. 值均为 0.000＜0.05，表明五个测量变量均值在不同生活区域群体之间差异显著。在测量变量"政府制定的婴幼儿配方乳粉生产标准是严格的（GT3）"、"政府制定的婴幼儿配方乳粉监管法规是健全的（GT4）"和"政府会对违规企业严格依法惩处（GT5）"中，生活在一、二线城市的消费者的认同程度均在不确定和有点信任之间，而生活在三、四线城市和县城的消费者的认同程度在有点信任和比较信任之间；在测量变量 GT6 中，生活在一、二线城市和三、四线城市的消费者的认同程度均在不确定和有点信任之间，而生活在县城的消费者的认同程度在有点信任和比较信任之间；在测量变量 GT7 中，所有组别的消费者的认同程度均在有点信任和比较信任之间。

表 7-10 不同生活区域的消费者政府信任对比

编号	一、二线城市均值	三、四线城市均值	县城均值	F	Sig.
GT3	4.95	5.61	5.67	15.952	0.000
GT4	4.45	5.18	5.13	16.282	0.000
GT5	4.80	5.55	5.55	15.714	0.000
GT6	4.30	4.84	5.06	12.176	0.000
GT7	5.13	5.67	5.72	10.682	0.000
平均	4.72	5.37	5.43	19.243	0.000

资料来源：根据样本数据整理。

3. 不同人口统计特征的消费者社会监管主体信任对比

此部分以性别、孩子数量、家庭所有成员月收入、受教育程度和生活区域为变量，比较不同人口统计特征的消费者对社会监管主体信任程度的差别，采用独立样本 T 检验和单因素方差分析法实证分析不同群组之间的差异显著程度。以性别和孩子数量为标准进行样本划分时，群组数量均为 2 个，可以采用独立样本 T 检验方法比较组间差异；而根据收入、受教育程度和生活区域对样本进行分组时，群组数目分别是 7、5、3 个，需要采用单因素方差分析法分析比较组间差异。

（1）性别角度。从表 7-11 中可以看出，从四个测量变量的平均值的角度看，男性和女性消费者对社会监管主体的平均信任程度均在不确定和有点信任之间，但男性消费者低于总体水平（4.86），女性消费者高于总体水平，男性和女性消费者的平均信任程度均值分别为 4.57 和 4.98，独立样本 T 检验的双侧 Sig. 值为 0.000＜0.01，表明在 1％的显著水平上，男性和女性消费者的社会监管主体信任程度存在显著差异。

组内比较显示，男性消费者对"媒体报道的国产婴幼儿配方乳粉安全信息大部分是真实的（ST1）"的认同程度最高，而对"专家对国产婴幼儿配方乳粉的安全鉴定是真实的（ST3）"的认同程度最低；女性消费者对"第三方检测机构对国产婴幼儿配方乳粉的质量认证是真实的（ST4）"的认同程度最高，而对"报纸报道的国产婴幼儿配方乳粉安全信息大部分是真实的（ST2）"的认同程度最低。

组间比较显示，女性消费者的四个测量变量的均值均高于男性，且 $Sig.$ 值均小于 0.05，存在显著差异。在测量变量 ST1、ST2 和 ST3 中，男性和女性消费者的认同程度均在不确定和有点信任之间；在测量变量 ST4 中，男性消费者的认同程度在不确定和有点信任之间，而女性消费者的认同程度在有点信任和比较信任之间。

表 7-11　不同性别的消费者社会监管主体信任对比

编号	男性组均值	女性组均值	T	$Sig.$
ST1	4.64	4.99	−2.557	0.011
ST2	4.55	4.89	−2.576	0.010
ST3	4.50	4.99	−3.577	0.000
ST4	4.58	5.05	−3.666	0.000
平均	4.57	4.98	−3.529	0.000

资料来源：根据样本数据整理。

（2）孩子数量角度。从表 7-12 中可以看出，从四个测量变量的平均值的角度看，有一孩及以下和有二孩及以上的消费者对社会监管主体的平均信任程度均在不确定和有点信任之间，有一孩及以下的消费者对社会监管主体的信任程度略低于有二孩及以上的消费者，其中有一孩及以下的消费者的信任程度略低于总体水平，而有二孩及以上的消费者的信任程度略高于总体水平，平均信任程度均值分别为 4.83 和 4.95，但两组消费者的平均社会监管主体信任程度没有显著差别，独立样本 T 检验的双侧 $Sig.$ 值为 0.351>0.01。

组内比较显示，有一孩及以下和有二孩及以上的消费者均对"第三方检测机构对国产婴幼儿配方乳粉的质量认证是真实的（ST4）"的认同程度最高，对"报纸报道的国产婴幼儿配方乳粉安全信息大部分是真实的（ST2）"的认同程度最低，该结果与女性消费者的社会监管主体信任程度一致。

组间比较显示，四个测量变量的 $Sig.$ 值均大于 0.05，表明两组消费者对四个测量变量的认同程度差异不显著。在测量变量"媒体报道的国产婴幼儿配方乳粉安全信息大部分是真实的（ST1）"、ST2 和"专家对国产婴幼儿配方乳粉的安全鉴定是真实的（ST3）"中，有一孩及以下和有二孩及以上的消费者的认同程度均在不确定和有点信任之间；在测量变量 ST4 中，有一孩及以下的消费者的认同程度在不确定和有点信任之间，而有二孩及以上的消费者的认同程度在有点信任和比较信任之间。

表 7-12　不同孩子数量的消费者社会监管主体信任对比

编号	一孩及以下组均值	二孩及以上组均值	T	Sig.
ST1	4.87	4.96	−0.604	0.546
ST2	4.76	4.88	−0.777	0.437
ST3	4.81	4.95	−0.908	0.364
ST4	4.88	5.02	−0.993	0.321
平均	4.83	4.95	−0.933	0.351

资料来源：根据样本数据整理。

（3）家庭所有成员月收入角度。从表 7-13 中可以看出，从四个测量变量的平均值的角度看，家庭所有成员月收入与消费者对社会监管主体信任度大致呈负向相关关系，家庭所有成员月收入由低到高的消费者社会监管主体信任的平均均值依次为 5.11、5.21、5.06、4.68、4.88、4.85、4.21。家庭所有成员月收入 8 000 元以下的消费者对社会监管主体的平均信任度高于总体水平，处于有点信任和很信任之间；而家庭所有成员月收入在 8 001 元以上的消费者的平均信任度均处于不确定和有点信任之间。单因素方差分析中的 Sig. 值为 0.000<0.01，表明在 1% 的显著水平上，不同月收入的消费者的社会监管主体信任程度存在明显差别。

组内比较显示，家庭所有成员月收入在 5 001～8 000 元、10 001～15 000元以及 20 001 元以上的消费者对"媒体报道的国产婴幼儿配方乳粉安全信息大部分是真实的（ST1）"的认可程度最高，家庭所有成员月收入在 5 000元以下、8 001～10 000 元以及 15 001～20 000 元的消费者对"第三方检测机构对国产婴幼儿配方乳粉的质量认证是真实的（ST4）"的认同程度最高；而家庭所有成员月收入在 10 000 元以下的消费者对"报纸报道的国产婴幼儿配方乳粉安全信息大部分是真实的（ST2）"的认同程度最低，家庭月收入在 10 001～20 000 元的消费者对"专家对国产婴幼儿配方乳粉的安全鉴定是真实的（ST3）"的认同程度最低，家庭月收入在 20 001 元以上的消费者对测量变量 ST4 的认同度最低。

组间比较显示，随着消费者家庭月收入的增加，四个测量变量的均值均大致呈下降趋势，且 Sig. 值均小于 0.05，表明四个测量变量均值在不同家庭月收入群体之间差异显著。在测量变量 ST1、ST3 和 ST4 中，家庭所有成员月收入在 8 000 元以下的消费者的认可程度在有点信任和比较信任之间，而家庭所有成员月收入在 8 001 元以上的消费者的认可程度在不确定和有点信任之间；在测量变量 ST2 中，家庭所有成员月收入在 3 001～8 000 元的消费者的认可程度在有点信任和比较信任之间，而家庭所有成员月收入在 3 000 元以下和 8 001 元以上的消费者的认可程度在不确定和有点信任之间。

表 7-13　不同家庭所有成员月收入的消费者社会监管主体信任对比

编号	3 000 元以下均值	3 001～5 000 元均值	5 001～8 000 元均值	8 001～10 000 元均值	10 001～15 000 元均值	15 001～20 000 元均值	20 001 元以上均值	F	Sig.
ST1	5.11	5.19	5.11	4.62	4.94	4.89	4.32	3.324	0.003
ST2	4.84	5.13	5.01	4.55	4.87	4.80	4.19	3.631	0.002
ST3	5.21	5.22	5.04	4.72	4.82	4.75	4.22	3.628	0.002
ST4	5.26	5.32	5.08	4.83	4.89	4.96	4.11	5.480	0.000
平均	5.11	5.21	5.06	4.68	4.88	4.85	4.21	4.974	0.000

资料来源：根据样本数据整理。

（4）受教育程度角度。从表 7-14 中可以看出，从四个测量变量的平均值的角度看，受教育程度与消费者对社会监管主体信任度呈负向相关关系，受教育程度由低到高的消费者社会监管主体信任的平均均值依次为 5.39、5.13、4.74、4.39、4.66。受教育程度在专科及以下的消费者对社会监管主体的信任度高于总体水平，均在有点信任和很信任之间；而受教育程度在本科及以上的消费者对社会监管主体的信任度低于总体水平，在不确定和有点信任之间。单因素方差分析中的 Sig. 值为 0.000＜0.01，表明在 1% 的显著水平上，不同受教育程度的消费者的社会监管主体信任程度存在明显差别。

组内比较显示，受教育程度为专科及以下和硕士的消费者对测量变量

"第三方检测机构对国产婴幼儿配方乳粉的质量认证是真实的（ST4）"的认同程度最高，受教育程度为本科和博士的消费者对"媒体报道的国产婴幼儿配方乳粉安全信息大部分是真实的（ST1）"的认可程度最高；而受教育程度为专科及以下的消费者对"报纸报道的国产婴幼儿配方乳粉安全信息大部分是真实的（ST2）"的认同程度最低，受教育程度为本科及以上的消费者对"专家对国产婴幼儿配方乳粉的安全鉴定是真实的（ST3）"的认同程度最低。

组间比较显示，从高中及以下到硕士学历，四个测量变量的均值均呈下降趋势，而硕士到博士之间呈明显上升态势且 $Sig.$ 值均小于 0.05，表明四个测量变量均值在不同受教育程度群体之间差异显著。在测量变量 $ST1$、$ST2$、$ST3$ 和 $ST4$ 中，受教育程度在专科及以下的消费者的认同程度在有点信任和比较信任之间，而受教育程度在本科及以上的消费者的认同程度在不确定和有点信任之间。

表 7 - 14　不同受教育程度的消费者社会监管主体信任对比

编号	高中及以下均值	专科均值	本科均值	硕士均值	博士均值	F	$Sig.$
$ST1$	5.30	5.10	4.82	4.41	4.83	4.440	0.002
$ST2$	5.14	5.03	4.71	4.34	4.76	4.291	0.002
$ST3$	5.50	5.19	4.70	4.28	4.48	9.875	0.000
$ST4$	5.63	5.19	4.73	4.53	4.55	9.777	0.000
平均	5.39	5.13	4.74	4.39	4.66	8.621	0.000

资料来源：根据样本数据整理。

（5）生活区域角度。从表 7 - 15 中可以看出，从四个测量变量的平均值的角度看，消费者生活区域的等级越低，社会监管主体信任度越高。一、二线城市和三、四线城市以及县城的消费者对社会监管主体信任的平均均值依次为 4.59、4.98、5.20，生活在县城和三、四线城市的消费者对社会监管主体的信任度高于总体水平；而生活在一、二线城市的消费者对社会监管主体的信任度低于总体水平，处于不确定和有点信任之间。单因素方差分析中的 $Sig.$ 值为 0.000＜0.01，表明在 1% 的显著水平上，不同生活区域的消费者的社会监管主体信任程度存在明显差别。

组内比较显示，生活在一、二线城市的消费者对"媒体报道的国产婴幼儿配方乳粉安全信息大部分是真实的（ST1）"的认可程度最高，对"专家对国产婴幼儿配方乳粉的安全鉴定是真实的（ST3）"的认同程度最低；而生活在三、四线城市及县城的消费者对"第三方检测机构对国产婴幼儿配方乳粉的质量认证是真实的（ST4）"的认同程度最高，对"报纸报道的国产婴幼儿配方乳粉安全信息大部分是真实的（ST2）"的认同程度最低，与消费者总体结果一致。

组间比较显示，随着生活区域的等级的降低，四个测量变量的均值均呈上升趋势，且 $Sig.$ 值均小于 0.05，表明四个测量变量均值在不同生活区域群体之间差异显著。在测量变量 ST1 和 ST4 中，生活在一、二线城市的消费者的认同程度在不确定和有点信任之间，而生活在三、四线城市和县城的消费者的认同程度在有点信任和比较信任之间；在测量变量 ST2 和 ST3 中，生活在一、二线和三、四线城市的消费者的认同程度在不确定和有点信任之间，而生活在县城的消费者的认同程度在有点信任和比较信任之间。

表 7 - 15　不同生活区域的消费者社会监管主体信任对比

编号	一、二线城市均值	三、四线城市均值	县城均值	F	$Sig.$
ST1	4.65	5.01	5.15	5.791	0.003
ST2	4.56	4.92	5.04	5.885	0.003
ST3	4.52	4.98	5.28	11.675	0.000
ST4	4.62	5.03	5.33	11.483	0.000
平均	4.59	4.98	5.20	10.972	0.000

资料来源：根据样本数据整理。

4. 不同人口统计特征的消费者进口产品信任对比

此部分以性别、孩子数量、家庭所有成员月收入、受教育程度和生活区域为变量，比较不同人口统计特征的消费者对进口产品信任程度的差别，采用独立样本 T 检验和单因素方差分析法实证分析不同群组之间的差异显著程度。以性别和孩子数量为标准进行样本划分时，群组数量均为 2 个，可以采用独立样本 T 检验方法比较组间差异；而根据收入、受教育程度和生活区域对样本进行分组时，群组数目分别是 7、5、3 个，需要采用单因素方差分析法分析比较组间差异。

（1）性别角度。从表 7 - 16 中可以看出，从两个测量变量的平均值的角度看，男性和女性消费者对进口产品的平均信任程度均在不确定和有点信任之间，其中男性消费者对进口产品的信任程度略高于女性，平均信任程度均值分别为4.53和4.24，独立样本 T 检验的双侧 $Sig.$ 值为 $0.051>0.01$，表明男性和女性消费者的进口产品信任程度无显著差异。

组内比较显示，男性消费者对测量变量"与国产相比，进口婴幼儿配方乳粉产品安全更有保障（$IT1$）"和"与国产相比，进口婴幼儿配方乳粉产品安全更值得信任（$IT2$）"的认同程度相同，均值均为4.53；而女性消费者对测量变量 $IT2$ 的认可程度高于对测量变量 $IT1$ 的。

组间比较显示，两组消费者对测量题项 $IT1$ 的信任度存在显著差异，而 $IT2$ 无显著差异。但在测量变量 $IT1$ 和 $IT2$ 中，男性和女性消费者的认可程度均在不确定和有点信任之间。

表7-16 不同性别的消费者进口产品信任对比

编号	男性组均值	女性组均值	T	$Sig.$
$IT1$	4.53	4.23	2.063	0.040
$IT2$	4.53	4.26	1.799	0.073
平均	4.53	4.24	1.953	0.051

资料来源：根据样本数据整理。

（2）孩子数量角度。从表7-17中可以看出，从两个测量变量的平均值的角度看，有一孩及以下和有二孩及以上的消费者对进口产品的平均信任程度均在不确定和有点信任之间，有一孩及以下的消费者对进口产品的信任程度略低于有二孩及以上的消费者，平均信任程度均值分别为4.29和4.46，但两组消费者的平均进口产品信任程度无显著差别，独立样本 T 检验的双侧 $Sig.$ 值为 $0.298>0.01$。

组内比较显示，按照孩子数量划分的两组消费者对测量变量"与国产相比，进口婴幼儿配方乳粉产品安全更值得信任（$IT2$）"的认可程度均略高于对测量变量"与国产相比，进口婴幼儿配方乳粉产品安全更有保障（$IT1$）"的。

组间比较显示，两个测量变量的 $Sig.$ 值均大于0.05，表明两组消费者对两个测量变量的认同程度差异不显著。另外，对于测量变量 $IT1$ 和 $IT2$，一孩及以下组和二孩及以上组的消费者的认可程度均在不确定和有点信任之间。

表 7-17　不同孩子数量的消费者进口产品信任对比

编号	一孩及以下组均值	二孩及以上组均值	T	$Sig.$
IT1	4.28	4.44	-0.996	0.320
IT2	4.30	4.47	-1.064	0.288
平均	4.29	4.46	-1.043	0.298

资料来源：根据样本数据整理。

（3）家庭所有成员月收入角度。从表 7-18 中可以看出，从两个测量变量的平均值的角度看，家庭所有成员月收入与消费者对进口产品信任度大致呈正向相关关系，家庭所有成员月收入由低到高的消费者进口产品信任的平均均值依次为 3.79、4.11、4.33、4.18、4.40、4.40、4.84。家庭所有成员月收入在 3 000 元以下的消费者对进口产品的平均信任度低于总体水平，处于有点不信任和不确定之间；而家庭所有成员月收入在 3 001 元以上的消费者对进口产品的平均信任度处于不确定和有点信任之间。单因素方差分析中的 $Sig.$ 值为 0.031＜0.05，表明在 5% 的显著水平上，不同家庭所有成员月收入的消费者的进口产品信任程度存在显著差别。

表 7-18　不同家庭所有成员月收入的消费者进口产品信任对比

编号	3 000 元以下均值	3 001～5 000 元均值	5 001～8 000 元均值	8 001～10 000 元均值	10 001～15 000 元均值	15 001～20 000 元均值	20 001 元以上均值	F	$Sig.$
IT1	3.82	4.15	4.31	4.16	4.38	4.39	4.81	2.005	0.063
IT2	3.76	4.07	4.36	4.19	4.42	4.41	4.88	2.594	0.017
平均	3.79	4.11	4.33	4.18	4.40	4.40	4.84	2.336	0.031

资料来源：根据样本数据整理。

组内比较显示，家庭所有成员月收入在 5 000 元以下的消费者对测量变量"与国产相比，进口婴幼儿配方乳粉产品安全更值得信任（IT2）"的认可程度低于对测量变量"与国产相比，进口婴幼儿配方乳粉产品安全更有保障（IT1）"的，而家庭所有成员月收入在 5 001 元以上的消费者对测量变量 IT2 的认可程度高于对测量变量 IT1 的。

组间比较显示，随着消费者家庭月收入的增加，两个测量变量的均值均大致呈上涨趋势，测量题项 IT1 在不同群组之间无显著差异，其中单因素

方差检验中的 $Sig.$ 值为 $0.063 > 0.05$；测量题项 $IT2$ 存在显著差异，单因素方差检验中的 $Sig.$ 值为 $0.017 < 0.05$，表明在 5% 的显著水平上，不同家庭所有成员月收入的消费者对测量变量 $IT2$ 的认可程度存在显著差别。在测量变量 $IT1$ 和 $IT2$ 中，家庭所有成员月收入在 3 000 元以下的消费者的认可程度在有点不信任和不确定之间，而家庭所有成员月收入在 3 001 元以上的消费者的认可程度在不确定和有点信任之间。

（4）受教育程度角度。从表 7-19 中可以看出，从两个测量变量的平均值的角度看，受教育程度与消费者对进口产品信任度大致呈正向相关关系，受教育程度由低到高的消费者进口产品信任的平均均值依次为 3.73、4.30、4.37、4.74、4.53。受教育程度在高中及以下的消费者对进口产品的平均信任度低于总体水平，处于有点不信任与不确定之间；而受教育程度在专科及以上的消费者对进口产品的平均信任度处于不确定与有点信任之间。单因素方差分析中的 $Sig.$ 值为 $0.001 < 0.01$，表明在 1% 的显著水平上，不同受教育程度的消费者的进口产品信任程度存在显著差别。

组内比较显示，受教育程度为专科及以下和博士的消费者对测量变量"与国产相比，进口婴幼儿配方乳粉产品安全更值得信任（$IT2$）"的认可程度高于对测量变量"与国产相比，进口婴幼儿配方乳粉产品安全更有保障（$IT1$）"的，受教育程度为本科的消费者对测量变量 $IT1$ 和 $IT2$ 的认可程度相同，受教育程度为硕士的消费者对测量变量 $IT1$ 的认可程度高于对测量变量 $IT2$ 的。

表 7-19　不同受教育程度的消费者进口产品信任对比

编号	高中及以下均值	专科均值	本科均值	硕士均值	博士均值	F	$Sig.$
$IT1$	3.70	4.28	4.37	4.75	4.45	4.598	0.001
$IT2$	3.76	4.31	4.37	4.74	4.62	4.131	0.003
平均	3.73	4.30	4.37	4.74	4.53	4.493	0.001

资料来源：根据样本数据整理。

组间比较显示，从高中及以下到博士学历，两个测量变量的均值均大致呈上涨趋势，且 $Sig.$ 值均小于 0.05，表明两个测量变量均值在不同受教育程度群体之间差异显著。在测量变量 $IT1$ 和 $IT2$ 中，受教育程度为高中及以下的消费者的认可程度在有点不信任和不确定之间，而受教育程度为专科及以上的消费者的认可程度在不确定和有点信任之间。

（5）生活区域角度。从表 7－20 中可以看出，从两个测量变量的平均值的角度看，消费者生活区域的等级越低，进口产品信任度越低，一、二线城市和三、四线城市以及县城的消费者对进口产品信任的平均均值依次为4.61、4.16、4.02，三组消费者的平均信任度均处于不确定和有点信任之间。单因素方差分析中的 $Sig.$ 值为 $0.001 < 0.01$，表明在 1% 的显著水平上，不同生活区域的消费者的进口产品信任程度存在明显差别。

组内比较显示，按照生活区域划分的三组消费者对测量变量"与国产相比，进口婴幼儿配方乳粉产品安全更值得信任（$IT2$）"的认可程度均略高于对测量变量"与国产相比，进口婴幼儿配方乳粉产品安全更有保障（$IT1$）"的。

组间比较显示，随着生活区域的等级的降低，两个测量变量的均值均呈下降趋势，且 $Sig.$ 值均小于 0.05，表明两个测量变量均值在不同生活区域群体之间差异显著。在测量变量 $IT1$ 和 $IT2$ 中，三组消费者的认同程度均在不确定和有点信任之间。

表 7－20　不同生活区域的消费者进口产品信任对比

编号	一、二线城市均值	三、四线城市均值	县城均值	F	$Sig.$
$IT1$	4.60	4.15	4.02	7.356	0.001
$IT2$	4.62	4.18	4.03	7.051	0.001
平均	4.61	4.16	4.02	7.376	0.001

资料来源：根据样本数据整理。

5. 不同人口统计特征的消费者对各主体的信任程度对比

由表 7－21 可以看出，总体上消费者对各主体的平均信任程度由高到低的排序为政府信任＞社会监管主体信任＞生产主体信任＞进口产品信任。从不同人口统计特征的角度看，除家庭所有成员月收入最高和最低的两个群组外，其他所有群组的消费者均对政府的信任度最高，但随着家庭所有成员月收入、受教育程度以及生活地区等级的提高，消费者对生产主体、政府和社会监管主体的信任度逐渐降低，对进口产品的信任度则呈上升趋势。不同人口统计特征的消费者对各主体的平均信任程度存在不同程度的差别，本书从性别、孩子数量、家庭所有成员月收入、受教育程度和生活区域的角度深入分析了不同消费者对各主体的平均信任程度的差别。

表 7-21　不同人口统计特征的消费者对各主体的平均信任程度比较

人口统计特征	类别	生产主体信任	政府信任	社会监管主体信任	进口产品信任
总体	—	4.75	5.10	4.86	4.33
性别	男性	4.51	4.95	4.57	4.53
	女性	4.85	5.17	4.98	4.24
孩子数量	一孩及以下	4.77	5.10	4.83	4.29
	二孩及以上	4.68	5.11	4.95	4.46
家庭所有成员月收入	3 000 元以下	5.44	5.41	5.11	3.79
	3 001~5 000 元	5.11	5.45	5.21	4.11
	5 001~8 000 元	5.02	5.40	5.06	4.33
	8 001~10 000 元	4.65	4.92	4.68	4.18
	10 001~15 000 元	4.50	5.00	4.88	4.40
	15 001~20 000 元	4.66	5.10	4.85	4.40
	20 001 元以上	4.17	4.49	4.21	4.84
受教育程度	高中及以下	5.36	5.67	5.39	3.73
	专科	5.21	5.41	5.13	4.30
	本科	4.54	4.95	4.74	4.37
	硕士	4.21	4.74	4.39	4.74
	博士	4.54	4.70	4.66	4.53
生活区域	一、二线城市	4.38	4.72	4.59	4.61
	三、四线城市	4.93	5.37	4.98	4.16
	县城或乡镇	5.20	5.43	5.20	4.02

资料来源：根据样本数据整理。

从性别角度看，男性消费者对政府的平均信任程度最高，对生产主体的平均信任程度最低，但男性消费者对各主体的平均信任程度均在不确定和有点信任之间。女性消费者同样对政府的平均信任程度最高，但对进口产品的平均信任程度最低。另外，女性消费者对政府的平均信任程度在有点信任和比较信任之间，对生产主体、社会监管主体和进口产品的平均信任程度均在不确定和有点信任之间。

从孩子数量角度看，孩子数量对消费者对各主体的平均信任程度无显著影响，两组消费者均对政府的平均信任程度最高，对进口产品的平均信任程度最低。另外，两组消费者对政府的平均信任程度均在有点信任和比较信任之间，而对其他三个主体的平均信任程度在不确定和有点信任之间。

从家庭所有成员月收入角度看，家庭所有成员月收入在 3 001～20 000 元的消费者对各主体的平均信任程度排序与总体一致，均对政府的平均信任程度最高，对进口产品的平均信任程度最低，但随着消费者家庭所有成员月收入的增加，对各主体的平均信任程度的差距逐渐缩小。而家庭所有成员月收入 3 000 元以下和 20 001 元以上的两组消费者对各主体的平均信任程度存在较大的差别。其中，家庭所有成员月收入在 3 000 元以下的消费者对生产主体的平均信任程度最高，对进口产品的平均信任程度最低；而家庭所有成员月收入在 20 001 元以上的消费者与之完全相反。另外，家庭所有成员月收入在 3 000 元以下的消费者对生产主体、政府和社会监管主体的平均信任程度均在有点信任和比较信任之间，对进口产品的平均信任程度在有点不信任和不确定之间；家庭所有成员月收入在 3 001～8 000 元的消费者对生产主体、政府和社会监管主体的平均信任程度均在有点信任和比较信任之间，对进口产品的平均信任程度在不确定和有点信任之间；家庭所有成员月收入在 8 001～10 000 元和 20 001 元以上的消费者对各主体的平均信任程度均在不确定和有点信任之间；家庭所有成员月收入在 10 001～20 000 元的消费者对生产主体、社会监管主体和进口产品的平均信任程度均在不确定和有点信任之间，对政府的平均信任程度在有点信任和比较信任之间。

从受教育程度角度看，受教育程度为本科及以下和博士的消费者对各主体的平均信任程度排序与总体基本趋同，均对政府的平均信任程度最高，对进口产品的平均信任程度最低；而受教育程度为硕士的消费者对政府和进口产品的平均信任程度最高，对生产主体的平均信任程度最低。另外，随着消费者学历的提高，对各主体的信任度的差距逐渐缩小。受教育程度为高中及以下的消费者对生产主体、政府和社会监管主体的平均信任程度均在有点信任和比较信任之间，而对进口产品的平均信任程度在有点不信任和不确定之间；受教育程度为专科的消费者对生产主体、政府和社会监管主体的平均信任程度均在有点信任和比较信任之间，而对进口产品的平均信任程度在不确定和有点信任之间；受教育程度为本科及以上的消费者对各主体的平均信任程度均在不确定和有点信任之间。

从生活区域角度看，生活在三、四线城市和县城或乡镇的消费者对各主体的平均信任程度排序与总体一致，均对政府的平均信任程度最高，对进口产品的平均信任程度最低；而生活在一、二线城市的消费者同样对政府的平均信任程度最高，对生产主体的平均信任程度最低。另外，随着生活区域等级的提高，消费者对各主体的平均信任程度之间的差距逐渐缩小，并且对进口产品的信任度逐渐提高。生活在县城或乡镇的消费者对生产主体、政府和社会监管主体的平均信任程度在有点信任和比较信任之间，而对进口产品的平均信任程度在不确定和有点信任之间；生活在三、四线城市的消费者仅对政府的平均信任程度在有点信任和比较信任之间，而对生产主体、社会监管主体和进口产品的平均信任程度在不确定和有点信任之间；生活在一、二线城市的消费者对各主体的平均信任程度均在不确定和有点信任之间。

（二）不同人口统计特征的消费者购买行为对比

此部分以性别、孩子数量、家庭所有成员月收入、受教育程度和生活区域为变量，比较不同人口统计特征的消费者购买行为特征的差别，并采用独立样本 T 检验（性别和孩子数量）和单因素方差分析（家庭所有成员月收入、受教育程度和生活区域）实证分析不同群组之间消费者购买产品国别的差异显著程度。

1. 不同人口统计特征的消费者购买产品国别对比

由表 7－22 可以看出，不同人口统计特征的消费者所购买的婴幼儿配方乳粉产品国别存在较大差异。从性别角度看，男性群体中购买进口婴幼儿配方乳粉的人数比例略高于国产，而女性消费者与之相反。从孩子数量角度看，家中有一孩及以下和有二孩及以上的消费者购买国产婴幼儿配方乳粉的人数均略高于购买进口的人数。从家庭所有成员月收入角度看，家庭所有成员月收入 10 000 元是购买产品国别变化的临界点，月收入 10 000 元以下的消费者中，购买国产婴幼儿配方乳粉的消费者比例远高于进口产品的消费者比例，其中月收入 5 000 元以下的消费者购买国产婴幼儿配方乳粉的比例在 70％以上；而月收入 10 001 元以上的消费者更多地购买进口婴幼儿配方乳粉，其中月收入 20 001 元以上的消费者购买国产婴幼儿配方乳粉的比例仅为 19.4％。从受教育程度角度看，专科及以下的消费者购买国产婴幼儿配方乳粉的居多，比例在 60％以上；本科及以上的消费者大多数选择购买进口婴幼儿配方乳粉。从生活区域角度看，一、二线城市中 62.7% 的消费者会选择购买进口婴幼儿配方乳粉，而生活在三、四线城市和县城的消费者大多会选购国产婴幼儿配方乳粉。

表 7 - 22　不同人口统计特征的消费者购买产品国别对比

人口统计特征	类别	购买人数比例（%）		T/F	Sig.
		国产	进口		
性别	男性	49.2	50.8	1.425	0.155
	女性	55.5	44.5		
孩子数量	一孩及以下	53.0	47.0	0.594	0.553
	二孩及以上	55.9	44.1		
家庭所有成员月收入	3 000 元以下	73.7	26.3	12.873	0.000
	3 001~5 000 元	72.2	27.8		
	5 001~8 000 元	66.7	33.3		
	8 001~10 000 元	60.0	40.0		
	10 001~15 000 元	42.0	58.0		
	15 001~20 000 元	45.1	54.9		
	20 001 元以上	19.4	80.6		
受教育程度	高中及以下	72.6	27.4	8.215	0.000
	专科	64.6	35.4		
	本科	49.1	50.9		
	硕士	36.8	63.2		
	博士	44.8	55.2		
生活区域	一、二线城市	37.3	62.7	27.927	0.000
	三、四线城市	62.9	37.1		
	县城或乡镇	71.5	28.5		

资料来源：根据样本数据整理。

2. 不同人口统计特征的消费者购买渠道对比

由表 7 - 23 可以看出，婴幼儿配方乳粉的购买渠道在不同人口统计特征的消费者之间存在较大差异，主要体现在母婴店、正规电商平台和其他（亲戚代购、自己去国外选购等）渠道的使用比例上。从性别角度看，女性更喜欢去母婴店购买，而男性更多通过正规电商平台、超市、药店和其他渠道购买。从孩子数量角度看，家里有一个及以下孩子的消费者相对家里有两个及以上孩子的消费者更喜欢通过正规电商平台、母婴店和超市购买，家里有两个及以上孩子的消费者通过微商代购和其他渠道购买的比例相对家里有一个及以下孩子的消费者较多，但比例差异不大。从家庭所有成员月收入角度看，主要差异体现在正规电商平台和母婴店购买渠道的使用比例上。随着家庭月收入的增加，使用正规电商平台选购婴幼儿配方乳粉的消费者比例增加，更少的人通过母婴店购买。从受教育程度角度看，差异主要体现在正规电商平台、微商代购、母婴店和其他渠道上。正规电商平台和母婴店渠道使用比例的变化与家庭月收入的变化规律一致。随着受教育程度的提高，消费者使用微商代购和其他渠道的比例也有所增加。从生活区域角度看，主要差异体现在正规电商平台、微商代购、母婴店、超市和其他渠道上。正规电商平台、微商代购、母婴店和其他渠道的使用比例的变化规律与受教育程度基本一致。随着生活区域的等级提高，消费者通过超市购买婴幼儿配方乳粉的比例有所增加。

表 7 - 23　不同人口统计特征的消费者产品购买渠道对比

人口统计特征	类别	购买人数比例（%）						
		正规电商平台	微商代购	母婴店	超市	药店	医院	其他
性别	男性	15.3	7.3	41.2	25.4	2.3	0.0	8.5
	女性	14.5	6.3	48.2	22.2	0.7	1.2	6.8
孩子数量	一孩及以下	15.2	6.0	47.0	23.3	1.1	0.6	6.8
	二孩及以上	13.2	8.8	43.4	22.8	1.5	1.5	8.8
家庭所有成员月收入	3 000 元以下	5.3	2.6	60.5	21.1	0.0	0.0	10.5
	3 001~5 000 元	9.7	2.8	61.1	19.4	0.0	1.4	5.6
	5 001~8 000 元	12.1	6.8	53.0	23.5	0.8	1.5	2.3
	8 001~10 000 元	12.0	4.0	53.0	25.0	0.0	0.0	6.0
	10 001~15 000 元	16.0	10.9	39.5	21.0	2.5	0.0	10.1
	15 001~20 000 元	15.5	9.9	29.6	31.0	1.4	1.4	11.3
	20 001 元以上	30.6	5.6	29.2	20.8	2.8	1.4	9.7
受教育程度	高中及以下	0.0	2.4	72.6	20.2	1.2	2.4	1.2
	专科	11.8	4.7	49.6	27.6	0.0	0.0	6.3
	本科	17.0	6.9	43.7	22.4	2.2	1.1	6.9
	硕士	24.1	12.6	25.3	23.0	0.0	0.0	14.9
	博士	20.7	6.9	41.4	20.7	0.0	0.0	10.3

（续）

人口统计特征	类别	购买人数比例（%）						
		正规电商平台	微商代购	母婴店	超市	药店	医院	其他
生活区域	一、二线城市	22.7	7.7	28.5	26.5	1.5	1.2	11.9
	三、四线城市	10.0	7.2	56.6	20.4	0.5	0.5	5.0
	县城或乡镇	6.5	3.3	65.0	21.1	1.6	0.8	1.6

资料来源：根据样本数据整理。

3. 不同人口统计特征的消费者购买价位对比

由表 7-24 可以看出，人口统计特征对消费者购买婴幼儿配方乳粉的价位影响不大，主要体现在 100 元以下婴幼儿配方乳粉的消费者购买比例上。可能是因为产品的食用者是婴幼儿，绝大部分的消费者都会在能力范围内给自己的孩子最好的，基本不会选购价位太低的产品，从某种程度上，也说明了国产与进口婴幼儿配方乳粉的价格相差不大，甚至部分国产婴幼儿配方乳粉的价格已超过了进口产品，这一情况与调研时消费者的反馈意见相一致。从性别角度看，男性消费者购买 100 元以下和 300 元以上的婴幼儿配方乳粉的比例相比女性更高，70.2％的女性消费者购买的婴幼儿配方乳粉在 100～

表 7-24 不同人口统计特征的消费者产品购买价位对比

人口统计特征	类别	购买人数比例（%）			
		100 元以下	100～200 元	200～300 元	300 元以上
性别	男性	2.8	17.5	46.3	33.3
	女性	2.1	19.4	50.8	27.6
孩子数量	一孩及以下	2.6	18.4	46.6	32.5
	二孩及以上	1.5	20.6	59.6	18.4
家庭所有成员月收入	3 000 元以下	7.9	28.9	50.0	13.1
	3 001～5 000 元	2.8	36.1	33.3	27.8
	5 001～8 000 元	3.0	25.8	44.7	26.5
	8 001～10 000 元	2.0	14.0	56.0	28.0
	10 001～15 000 元	0.8	6.7	56.3	36.1
	15 001～20 000 元	2.8	15.5	52.1	29.6
	20 001 元以上	0.0	13.9	51.4	34.7

（续）

人口统计特征	类别	购买人数比例（%）			
		100 元以下	100～200 元	200～300 元	300 元以上
受教育程度	高中及以下	2.4	25.0	46.4	26.2
	专科	5.5	20.5	44.9	29.1
	本科	1.1	17.3	49.8	31.8
	硕士	1.1	13.8	58.6	26.4
	博士	0.0	24.1	51.7	24.2
生活区域	一、二线城市	1.9	19.2	50.8	28.1
	三、四线城市	1.4	15.8	51.6	31.2
	县城或乡镇	4.9	23.6	43.1	28.5

资料来源：根据样本数据整理。

300 元。从孩子数量角度看，家中有一个孩子或孩子未出生的消费者的购买特征与男性消费者基本一致，购买 100 元以下和 300 元以上婴幼儿配方乳粉的消费者比例分别为 2.6%、32.5%；而 80.2%的家中有两个或更多孩子的消费者选择购买价位在 100～300 元的婴幼儿配方乳粉，可能是因为家中有两个及以上孩子的消费者选购婴幼儿配方乳粉更有经验，消费也更加理性。从家庭所有成员月收入、受教育程度和生活区域角度看，随着家庭月收入的增加、受教育程度的提高以及生活区域等级的上升，购买 100 元以下婴幼儿配方乳粉的消费者比重大致呈下降趋势，但在其他价位上购买人数比例变化基本无规律可循。

二、基于人口统计特征作为调节变量的多群组分析

在行为经济学的研究中大多应用多群组结构方程模型分析调节变量的作用（崔登峰等[140]，2018；贺爱忠等[228]，2011；王欢等[229]，2019；劳可夫[230]，2012；张连刚[231]，2010）。本章此部分将应用多群组结构方程模型探究性别、孩子数量、家庭所有成员月收入、受教育程度以及生活区域 5 个人口统计特征变量在安全信任与消费者国产婴幼儿配方乳粉购买行为之间所起到的作用。本书第四章第三部分对应用多群组结构方程模型的具体步骤进行了简要介绍，在此不再赘述。

（一）基于性别作为调节变量的多群组分析

本部分依据性别将样本数据分为了两组，其中男性组包括 177 个样本，女性组包括 427 个样本。通过对模型进行参数限制，本研究设定了 6 个模型进行适配度检验，分别为参数未限制模型、测量系数相等模型、结构系数相等模型、结构协方差相等模型、结构残差变量方差相等模型、测量残差变量方差相等模型。运用 AMOS22.0 进行模型估计后，如表 7 - 25 所示，6 个模型的指标适配情况基本一致，其中卡方自由度比（$CMIN/DF$）在 1.990～2.221，除测量残差变量方差相等模型的卡方自由度比远大于 2 外，其他模型均基本符合适配标准，GFI 在 0.804～0.847，均小于 0.90，但也有学者指出 GFI 值达到 0.80 以上即可通过模型适配的检验，TLI 在 0.941～0.952，均大于 0.90，CFI 在 0.943～0.957，均大于 0.90，IFI 在 0.944～0.957，均大于 0.90，$RMSEA$ 在 0.041～0.045，均小于 0.05，$PGFI$ 在 0.684～0.730，均大于 0.50。可见，6 个模型与样本数据的拟合度均较高，但仅通过以上指标无法选择出最佳模型，需要比较 6 个模型的 $ECVI$ 值大小，其中结构系数相等模型的 $ECVI$ 值最小，最终选定结构系数相等模型为最佳模型。

表 7 - 25　以性别为调节变量的多群组结构方程模型拟合度检验

适配指标	适配标准	未限制模型	测量系数相等模型	结构系数相等模型	结构协方差相等模型	结构残差变量方差相等模型	测量残差变量方差相等模型
$CMIN/DF$	<2	2.044	2.009	1.990	2.000	1.997	2.221
GFI	>0.90	0.847	0.846	0.845	0.840	0.840	0.804
TLI	>0.90	0.950	0.951	0.952	0.952	0.952	0.941
CFI	>0.90	0.957	0.957	0.957	0.955	0.956	0.943
IFI	>0.90	0.957	0.957	0.957	0.956	0.956	0.944
$RMSEA$	<0.05	0.042	0.041	0.041	0.041	0.041	0.045
$PGFI$	>0.50	0.684	0.702	0.711	0.728	0.730	0.726
$ECVI$	越小越好	3.571	3.521	3.494	3.509	3.504	3.859

资料来源：根据样本数据计算得出。

表 7 - 26 显示了以性别为调节变量进行多群组分析男性和女性消费者的路径关系估计结果。观察对比后发现男性和女性消费者在路径关系 $PBC \rightarrow$

PI、$PBC \to PB$、$IT \to AT$ 和 $GT \to PI$ 中均存在显著差异，因此 H13a 得到验证。在路径关系 $PBC \to PI$ 和 $PBC \to PB$ 中，女性组的标准化路径系数分别为 -0.069 和 0.099，并且均通过了 5% 的显著性水平检验；男性组的标准化路径系数分别为 -0.051 和 0.037，低于女性组，均未通过显著性水平检验：说明感知行为控制对男性消费者的国产婴幼儿配方乳粉购买意愿和购买行为均无显著影响。可能的原因是，在中国文化传统中，大多数家庭是由女性负责掌管生活开支，特别是一些琐碎的生活用品的购买，女性在选购商品时会兼顾家庭的收支平衡。虽然选购婴幼儿配方乳粉时最重要的是保证产品的安全性，但女性消费者难免会受到产品价格、购买便利度等因素的影响。由于缺乏购买生活用品的经验，男性消费者可能在选购婴幼儿配方乳粉的过程中考虑的因素较少，这与第七章第一部分中男性消费者购买进口婴幼儿配方乳粉和价位在 300 元以上的婴幼儿配方乳粉的比重高于女性消费者的统计结果相契合。在路径关系 $IT \to AT$ 中，女性组的标准化路径系数为 -0.061，并在 5% 的统计水平上显著；男性组的标准化路径系数低于女性组，为 -0.039，未通过显著性水平检验：说明进口产品信任对男性消费者购买国产婴幼儿配方乳粉的行为态度无显著影响。可能是因为女性消费者评估国产婴幼儿配方乳粉的有用性和无害性时，更习惯于将国产的与进口的相对比，而男性消费者更倾向于"就事论事"。在路径关系 $GT \to PI$ 中，男性组的标准化路径系数为 0.294，并在 5% 的统计水平上显著；女性组的标准化路径系数低于男性组，为 0.082，未通过显著性水平检验：说明政府信任会对男性消费者的国产婴幼儿配方乳粉购买意愿产生显著影响，但不会显著影响女性消费者的购买意愿。可能是因为男性相对理性，在购买婴幼儿配方乳粉时比较注重政府的保障，而女性相对更加关注产品本身，这与 2018 年崔登峰等人关于消费者特色农产品购买行为的研究结论相一致（崔登峰等[140]，2018）。

表 7 - 26　以性别为调节变量的多群组结构方程模型估计结果

假说	路径关系	男性组	女性组	假说	路径关系	男性组	女性组
H4	$AT \to PI$	0.576***	0.490***	H7	$PBC \to PI$	−0.051	−0.069**
H5	$FC \to PI$	0.089**	0.070**	H8	$PBC \to PB$	0.037	0.099**
H6	$GC \to PI$	−0.281***	−0.248***	H9	$PI \to PB$	−0.707***	−0.677***

（续）

假说	路径关系	男性组	女性组	假说	路径关系	男性组	女性组
H11a	$PT{\rightarrow}AT$	0.754***	0.893***	H12a	$PT{\rightarrow}PI$	−0.163	0.087
H11b	$GT{\rightarrow}AT$	−0.027	−0.042	H12b	$GT{\rightarrow}PI$	0.294**	0.082
H11c	$ST{\rightarrow}AT$	0.176	−0.007	H12c	$ST{\rightarrow}PI$	0.015	0.079
H11d	$IT{\rightarrow}AT$	−0.039	−0.061**	H12d	$IT{\rightarrow}PI$	−0.070	−0.031

注：***、**、*分别表示在1%、5%、10%的统计水平上显著。

（二）基于孩子数量作为调节变量的多群组分析

本部分依据孩子数量将样本数据分为了两组，其中一孩及以下组包括468个样本，二孩及以上组包括136个样本。通过对模型进行参数限制，本研究设定了6个模型进行适配度检验，分别为参数未限制模型、测量系数相等模型、结构系数相等模型、结构协方差相等模型、结构残差变量方差相等模型、测量残差变量方差相等模型。运用AMOS22.0进行模型估计后，如表7-27所示，6个模型的指标适配情况基本一致，其中卡方自由度比（$CMIN/DF$）在1.585~1.697，均小于2，GFI在0.856~0.881，均小于0.90大于0.80，TLI在0.966~0.972，均大于0.90，CFI在0.968~0.975，均大于0.90，IFI在0.968~0.975，均大于0.90，$RMSEA$在0.031~0.034，均小于0.05，$PGFI$在0.696~0.766，均大于0.50。可见，6个模型与样本数据的拟合度均较高，其中结构残差变量方差相等模型的$ECVI$值最小，最终选定结构残差变量方差相等模型为最佳模型。

表 7 - 27　以孩子数量为调节变量的多群组结构方程模型拟合度检验

适配指标	适配标准	未限制模型	测量系数相等模型	结构系数相等模型	结构协方差相等模型	结构残差变量方差相等模型	测量残差变量方差相等模型
$CMIN/DF$	<2	1.629	1.617	1.607	1.588	1.585	1.697
GFI	>0.90	0.881	0.878	0.878	0.875	0.875	0.856
TLI	>0.90	0.970	0.970	0.971	0.972	0.972	0.966
CFI	>0.90	0.975	0.974	0.974	0.974	0.974	0.968
IFI	>0.90	0.975	0.974	0.975	0.974	0.975	0.968

（续）

适配指标	适配标准	未限制模型	测量系数相等模型	结构系数相等模型	结构协方差相等模型	结构残差变量方差相等模型	测量残差变量方差相等模型
RMSEA	<0.05	0.032	0.032	0.032	0.031	0.031	0.034
PGFI	>0.50	0.696	0.714	0.723	0.744	0.746	0.766
ECVI	越小越好	2.994	2.963	2.940	2.894	2.888	3.032

资料来源：根据样本数据计算得出。

表 7-28 显示了以孩子数量为调节变量进行多群组分析后一孩及以下组和二孩及以上组的路径关系估计结果，H13b 得到验证。在路径关系 $FC \rightarrow PI$、$PBC \rightarrow PI$、$GT \rightarrow PI$ 和 $ST \rightarrow PI$ 中，一孩及以下组的消费者的标准化路径系数分别为 0.058、−0.070、0.122、0.149，均在或 1% 或 5% 或 10% 的统计水平上显著，而二孩及以上组的消费者在以上路径关系中均不显著，说明家中有两个或以上孩子的消费者购买意愿不会受到面子意识、感知行为控制以及其对政府和社会监管主体的信任度的影响。可能是因为，除了双胞胎家庭外，家中有两个及以上孩子的消费者大多拥有比较丰富的婴幼儿配方乳粉购买经验，在为第一个孩子购买婴幼儿配方乳粉的过程中，第一个孩子食用婴幼儿配方乳粉后的变化促使他们对特定品牌的婴幼儿配方乳粉形成了比较深刻的产品认知和品牌记忆，在为第二个孩子购买时，二孩及以上组的消费者大概率会购买品牌记忆良好的婴幼儿配方乳粉。因此，他们对国产婴幼儿配方乳粉的购买行为会更多地受到婴幼儿配方乳粉生产者的影响，可能不会受到其他主体过多的影响。而作为初次选购婴幼儿配方乳粉的消费者，一孩及以下组的消费者自然会在做出购买决策前考虑更多的因素。这与不同人口统计特征的消费者购买渠道对比中二孩及以上组的消费者相比一孩及以下组的消费者更多地通过微商代购和其他非正规渠道购买婴幼儿配方乳粉的描述统计结果相吻合。另外，在 $IT \rightarrow AT$ 路径关系中，一孩及以下组和二孩及以上组分别在 5% 和 10% 的统计水平上显著，这可能是因为，相比经验丰富的二孩及以上组消费者，初次购买的一孩及以下组消费者对进口婴幼儿配方乳粉的信息了解更加全面，导致其进口产品信任会对其购买国产婴幼儿配方乳粉的行为态度产生更显著的影响。

表 7 - 28　以孩子数量为调节变量的多群组结构方程模型估计结果

假说	路径关系	一孩及以下组	二孩及以上组	假说	路径关系	一孩及以下组	二孩及以上组
H4	$AT{\rightarrow}PI$	0.468***	0.528***	H11b	$GT{\rightarrow}AT$	−0.059	−0.141
H5	$FC{\rightarrow}PI$	0.058**	0.067	H11c	$ST{\rightarrow}AT$	0.015	0.201
H6	$GC{\rightarrow}PI$	−0.239***	−0.341***	H11d	$IT{\rightarrow}AT$	−0.056**	−0.092*
H7	$PBC{\rightarrow}PI$	−0.070***	−0.041	H12a	$PT{\rightarrow}PI$	0.043	0.184
H8	$PBC{\rightarrow}PB$	0.039	0.120	H12b	$GT{\rightarrow}PI$	0.122*	0.203
H9	$PI{\rightarrow}PB$	−0.710***	−0.671***	H12c	$ST{\rightarrow}PI$	0.149**	−0.220
H11a	$PT{\rightarrow}AT$	0.876***	0.766***	H12d	$IT{\rightarrow}PI$	−0.040	−0.022

注：***、**、* 分别表示在 1%、5%、10% 的统计水平上显著。

（三）基于家庭所有成员月收入作为调节变量的多群组分析

本部分依据家庭所有成员月收入将样本数据分为了两组。其中，将家庭所有成员月收入不超过 8 000 元的样本划分为低收入组，样本量为 242 个；将家庭所有成员月收入不低于 8 001 元的样本划分为高收入组，样本量为 362 个。通过对模型进行参数限制，本研究设定了 6 个模型进行适配度检验，分别为参数未限制模型、测量系数相等模型、结构系数相等模型、结构协方差相等模型、结构残差变量方差相等模型、测量残差变量方差相等模型。运用 AMOS22.0 进行模型估计后，如表 7 - 29 所示，6 个模型的指标适配情况基本一致，其中卡方自由度比（$CMIN/DF$）在 1.868～1.998，均小于 2，GFI 在 0.831～0.857，均小于 0.90 大于 0.80，TLI 在 0.951～0.957，均大于 0.90，CFI 在 0.952～0.961，均大于 0.90，IFI 在 0.953～0.962，均大于 0.90，$RMSEA$ 在 0.038～0.041，均小于 0.05，$PGFI$ 在 0.691～0.751，均大于 0.50。可见，6 个模型与样本数据的拟合度均较高，其中结构协方差相等模型的 $ECVI$ 值最小，最终选定结构协方差相等模型为最佳模型。

表 7 - 29　以家庭所有成员月收入为调节变量的多群组结构方程模型拟合度检验

适配指标	适配标准	未限制模型	测量系数相等模型	结构系数相等模型	结构协方差相等模型	结构残差变量方差相等模型	测量残差变量方差相等模型
$CMIN/DF$	<2	1.924	1.882	1.871	1.868	1.869	1.998
GFI	>0.90	0.857	0.856	0.855	0.852	0.852	0.831

（续）

适配指标	适配标准	未限制模型	测量系数相等模型	结构系数相等模型	结构协方差相等模型	结构残差变量方差相等模型	测量残差变量方差相等模型
TLI	>0.90	0.954	0.956	0.957	0.957	0.957	0.951
CFI	>0.90	0.961	0.961	0.961	0.960	0.960	0.952
IFI	>0.90	0.961	0.962	0.962	0.960	0.960	0.953
RMSEA	<0.05	0.039	0.038	0.038	0.038	0.038	0.041
PGFI	>0.50	0.691	0.710	0.719	0.739	0.740	0.751
ECVI	越小越好	3.400	3.337	3.318	3.307	3.308	3.506

资料来源：根据样本数据计算得出。

表 7-30 显示了以家庭所有成员月收入为调节变量进行多群组分析后低收入组和高收入组的路径关系估计结果，H13c 得到验证。在路径关系 $PBC \rightarrow PI$ 和 $PBC \rightarrow PB$ 中，低收入组消费者的标准化路径系数分别为 -0.122、0.094，分别在 1% 和 10% 的统计水平上显著，高收入组的消费者的标准化路径系数明显低于低收入组，分别为 -0.020、0.042，且均不显著，表明高收入组消费者的国产婴幼儿配方乳粉购买意愿和行为不会受到感知行为控制的影响。而在路径关系 $FC \rightarrow PI$、$GT \rightarrow PI$ 和 $IT \rightarrow PI$ 中，高收入组的消费者的标准化路径系数分别为 0.081、0.183、-0.070，均在或 1% 或 5% 的统计水平上显著，低收入组在 3 个路径关系中均不显著，表明低收入组消费者的国产婴幼儿配方乳粉购买意愿不会受到面子意识、政府信任和进口产品信任的显著影响。观察以上路径关系的显著结果可以发现，低收入组的购买意愿和行为的影响因素较少，且会受到价格、购买便利度等客观条件的限制，而高收入组的购买意愿受到除客观条件外更多因素的显著影响。可能的原因是，相对低收入组，高收入组的消费者拥有较多的资源，选购婴幼儿配方乳粉时无须为价格等客观因素的限制而担忧，而会更多地考虑与产品安全性相关的因素。这与不同人口统计特征的消费者购买产品国别对比中高收入组比低收入组的消费者购买进口婴幼儿配方乳粉的比例更大的统计结果相契合。

表 7-30　以家庭所有成员月收入为调节变量的多群组结构方程模型估计结果

假说	路径关系	低收入组	高收入组	假说	路径关系	低收入组	高收入组
H4	$AT \rightarrow PI$	0.559***	0.512***	H5	$FC \rightarrow PI$	0.058	0.081***

（续）

假说	路径关系	低收入组	高收入组	假说	路径关系	低收入组	高收入组
H6	$GC \rightarrow PI$	-0.250^{***}	-0.274^{***}	H11c	$ST \rightarrow AT$	0.094	0.111
H7	$PBC \rightarrow PI$	-0.122^{***}	-0.020	H11d	$IT \rightarrow AT$	-0.060	-0.047
H8	$PBC \rightarrow PB$	0.094^{*}	0.042	H12a	$PT \rightarrow PI$	0.024	-0.056
H9	$PI \rightarrow PB$	-0.628^{***}	-0.695^{***}	H12b	$GT \rightarrow PI$	0.082	0.183^{**}
H11a	$PT \rightarrow AT$	0.856^{***}	0.817^{***}	H12c	$ST \rightarrow PI$	0.120	0.083
H11b	$GT \rightarrow AT$	-0.090	-0.064	H12d	$IT \rightarrow PI$	0.029	-0.070^{**}

注：***、**、*分别表示在1%、5%、10%的统计水平上显著。

（四）基于受教育程度作为调节变量的多群组分析

本部分依据受教育程度将样本数据分为了两组。其中，将受教育程度在专科及以下的样本划分为低学历组，样本量为 211 个；将受教育程度在本科及以上的样本划分为高学历组，样本量为 393 个。通过对模型进行参数限制，本研究设定了 6 个模型进行适配度检验，分别为参数未限制模型、测量系数相等模型、结构系数相等模型、结构协方差相等模型、结构残差变量方差相等模型、测量残差变量方差相等模型。运用 AMOS22.0 进行模型估计后，如表 7 - 31 所示，6 个模型的指标适配情况基本一致，其中卡方自由度比（CMIN/DF）在 2.000～2.059，均略大于 2，基本符合模型适配标准，GFI 在 0.834～0.854，均小于 0.90 大于 0.80，TLI 在 0.947～0.950，均大于 0.90，CFI 在 0.949～0.957，均大于 0.90，IFI 在 0.950～0.957，均大于 0.90，RMSEA 在 0.041～0.042，均小于 0.05，PGFI 在 0.689～0.754，均大于 0.50。可见，6 个模型与样本数据的拟合度均较高，其中结构协方差相等模型和结构残差变量方差相等模型的 ECVI 值最小，且两个模型的适配指标基本一致，最终选定结构协方差相等模型和结构残差变量方差相等模型为最佳模型。

表 7 - 31　以受教育程度为调节变量的多群组结构方程模型拟合度检验

适配指标	适配标准	未限制模型	测量系数相等模型	结构系数相等模型	结构协方差相等模型	结构残差变量方差相等模型	测量残差变量方差相等模型
CMIN/DF	<2	2.007	2.002	2.005	2.000	2.000	2.059

（续）

适配指标	适配标准	未限制模型	测量系数相等模型	结构系数相等模型	结构协方差相等模型	结构残差变量方差相等模型	测量残差变量方差相等模型
GFI	＞0.90	0.854	0.851	0.848	0.845	0.845	0.834
TLI	＞0.90	0.950	0.950	0.950	0.950	0.950	0.947
CFI	＞0.90	0.957	0.956	0.955	0.954	0.954	0.949
IFI	＞0.90	0.957	0.956	0.956	0.954	0.954	0.950
RMSEA	＜0.05	0.041	0.041	0.041	0.041	0.041	0.042
PGFI	＞0.50	0.689	0.706	0.713	0.733	0.734	0.754
ECVI	越小越好	3.518	3.511	3.515	3.508	3.508	3.602

资料来源：根据样本数据计算得出。

表 7-32 显示了以受教育程度为调节变量进行多群组分析后低学历组和高学历组的路径关系估计结果，H13d 得到验证。在路径关系 $PBC \rightarrow PI$ 和 $PBC \rightarrow PB$ 中，低学历组消费者的标准化路径系数分别为 -0.081、0.145，分别在 10％和 5％的统计水平上显著，高学历组的消费者的标准化路径系数明显低于低学历组，分别为 -0.044、0.047，且均不显著，表明高学历组消费者的国产婴幼儿配方乳粉购买意愿和行为不会受到感知行为控制的影响。相比低学历组，高学历组的消费者可能更了解婴幼儿配方乳粉产品安全对婴幼儿身体健康的重要性，因此，高学历组的消费者在选购婴幼儿配方乳粉的过程中可能会更注重产品的安全性，并不会特别在意价格、购买便利度等客观条件；相对来说，低学历组的消费者可能对产品安全性的重视度略低，而将客观条件也作为一项选购标准。在路径关系 $ST \rightarrow AT$ 中，高学历组消费者的标准化路径系数为 0.161，在 5％的统计水平上显著，而低学历组的标准化路径系数并不显著，表明高学历消费者对社会监管主体的信任程度会显著影响其对购买国产婴幼儿配方乳粉的行为态度。相比低学历组，高学历组的消费者可能对媒体、专家等社会监管主体发布的信息的辨别能力更强，他们能够在信息中抓取有效信息，并利用这些信息对国产婴幼儿配方乳粉的产品安全性进行评估，因此，社会监管主体信任会对高学历组消费者对国产婴幼儿配方乳粉的有用性和无害性的评估产生影响。

表 7-32　以受教育程度为调节变量的多群组结构方程模型估计结果

假说	路径关系	低学历组	高学历组	假说	路径关系	低学历组	高学历组
H4	AT→PI	0.500***	0.548***	H11b	GT→AT	−0.122	−0.025
H5	FC→PI	0.087**	0.066**	H11c	ST→AT	−0.111	0.161**
H6	GC→PI	−0.176***	−0.319***	H11d	IT→AT	−0.078*	−0.058*
H7	PBC→PI	−0.081*	−0.044	H12a	PT→PI	0.058	−0.053
H8	PBC→PB	0.145**	0.047	H12b	GT→PI	0.237*	0.134*
H9	PI→PB	−0.606***	−0.700***	H12c	ST→PI	0.023	0.076
H11a	PT→AT	0.851***	0.738***	H12d	IT→PI	0.004	−0.039

注：***、**、*分别表示在1%、5%、10%的统计水平上显著。

（五）基于生活区域作为调节变量的多群组分析

本部分依据生活区域将样本数据分为了3组，依据城市等级将调研样本划分为一、二线城市和三、四线城市以及县乡3个样本群体。其中，将长期居住在一、二线城市的样本划分为一、二线城市组，样本量为260个；将长期居住在三、四线城市的样本划分为三、四线城市组，样本量为221个；将长期居住在县城或乡镇的样本划分为县乡组，样本量为123个。通过对模型进行参数限制，本研究设定了6个模型进行适配度检验，分别为参数未限制模型、测量系数相等模型、结构系数相等模型、结构协方差相等模型、结构残差变量方差相等模型、测量残差变量方差相等模型。运用 AMOS22.0 进行模型估计后，如表 7-33 所示，6 个模型的指标适配情况基本一致，其中卡方自由度比（CMIN/DF）在 1.568～1.677，均小于 2，GFI 在 0.825～0.838，均小于 0.90 大于 0.80，TLI 在 0.950～0.958，均大于 0.90，CFI 在 0.950～0.963，均大于 0.90，IFI 在 0.950～0.963，均大于 0.90，RMSEA 在 0.031～0.034，均小于 0.05，PGFI 在 0.662～0.775，均大于 0.50。可见，6 个模型与样本数据的拟合度均较高，其中结构协方差相等模型的 ECVI 值最小，最终选定结构协方差相等模型为最佳模型。

表 7-33　以生活区域为调节变量的多群组结构方程模型拟合度检验

适配指标	适配标准	未限制模型	测量系数相等模型	结构系数相等模型	结构协方差相等模型	结构残差变量方差相等模型	测量残差变量方差相等模型
CMIN/DF	<2	1.597	1.575	1.568	1.569	1.578	1.677

（续）

适配指标	适配标准	未限制模型	测量系数相等模型	结构系数相等模型	结构协方差相等模型	结构残差变量方差相等模型	测量残差变量方差相等模型
GFI	>0.90	0.838	0.834	0.832	0.826	0.825	0.833
TLI	>0.90	0.956	0.957	0.958	0.958	0.957	0.950
CFI	>0.90	0.963	0.963	0.963	0.961	0.960	0.950
IFI	>0.90	0.963	0.963	0.963	0.961	0.960	0.950
RMSEA	<0.05	0.032	0.031	0.031	0.031	0.031	0.034
PGFI	>0.50	0.662	0.684	0.695	0.719	0.720	0.775
ECVI	越小越好	4.431	4.353	4.320	4.283	4.301	4.480

资料来源：根据样本数据计算得出。

表 7-34 显示了以生活区域为调节变量进行多群组分析后一、二线城市组和三、四线城市组以及县乡组的路径关系估计结果，H13e 得到验证。

对比一、二线城市组与三、四线城市组的路径关系估计值可以发现，在路径关系 $FC \rightarrow PI$ 中，一、二线城市消费者的标准化路径系数为 0.100，在 1% 的统计水平上显著，而三、四线城市消费者的标准化路径系数低于一、二线城市组，且不显著，表明面子意识对三、四线城市组的消费者国产婴幼儿配方乳粉购买意愿无显著影响。可能是因为，在一、二线城市中多数消费者更认可进口婴幼儿配方乳粉的社会背景下，可能会激发不得已才购买国产婴幼儿配方乳粉的消费者的攀比心，而大部分三、四线城市的消费者购买国产婴幼儿配方乳粉，不会出现上述情况。在路径关系 $PBC \rightarrow PI$ 中，三、四线城市组消费者的标准化路径系数为 -0.093，在 5% 的统计水平上显著，而一、二线城市组消费者的标准化路径系数低于三、四线城市组，且不显著，表明感知行为控制会影响三、四线城市消费者对国产婴幼儿配方乳粉的购买意愿。可能是因为，相比一、二线城市，三、四线城市的消费者的可利用资源相对有限，部分三、四线城市的消费者在选购婴幼儿配方乳粉时不得不考虑自身的客观条件。在路径关系 $IT \rightarrow PI$ 中，一、二线城市组消费者的标准化路径系数为 -0.072，在 5% 的统计水平上显著，而三、四线城市组消费者的标准化路径系数低于一、二线城市组，且不显著，表明进口产品信任对三、四线城市消费者的购买意愿无显著影响。可能是因为，一、二线城市的消费者接触了解到进口婴幼儿配方乳粉产品信息的机会更多，受进口婴幼儿配方乳粉广告营销的影响更大，对进口婴幼儿配方乳粉产品质量了解得也就更深入，相比之下，三、四线城市消费者对进口产品的了解程度较低，且很难判断所得到的消息的准确性，所以，进口产品信任可能只会影响三、四线消费者对购买国产婴幼儿配方乳粉的行为态度，而不会直接影响其购买意愿。

　　城市组与县乡组的路径关系比较可以分为两类。第一类，对比一、二线城市组与县乡组的路径关系估计值可以发现，在路径关系 $FC \rightarrow PI$ 中，县乡组与一、二线城市组分别在 5％和 1％的统计水平上显著，但标准化路径系数符号相反，说明县乡组消费者的面子意识对其国产婴幼儿配方乳粉购买意愿具有显著负向影响。可能的原因是，在县乡组的样本数据中，购买国产婴幼儿配方乳粉的消费者比重达 71.5％，相比生活在一、二线城市的消费者，生活在县乡的消费者不会因为自己购买国产婴幼儿配方乳粉与别人不同而感到没面子。在路径关系 $PBC \rightarrow PB$ 中，县乡组消费者的标准化路径系数为 0.189，在 5％的统计水平上显著，而感知行为控制对一、二线城市组消费者购买行为无显著影响。可能的原因是多数一、二线城市消费者拥有的资源相对充足，购买婴幼儿配方乳粉时无需考虑自身条件。在路径关系 $IT \rightarrow AT$ 和 $IT \rightarrow PI$ 中，一、二线城市组的标准化路径系数分别为 -0.074、-0.072，均在 5％的统计水平上显著，而县乡组在两组路径中均不显著。可能的原因与在一、二线城市组和三、四线城市组在路径关系 $IT \rightarrow PI$ 的对比中分析的基本一致，即相比三、四线城市组，县乡组的消费者对进口婴幼儿配方乳粉的了解可能更少。因此，县乡组消费者对进口产品的信任度基本不会影响其购买国产婴幼儿配方乳粉的行为态度和购买意愿。第二类，对比三、四线城市组与县乡组的路径关系估计值可以发现，在路径关系 $FC \rightarrow PI$ 和 $IT \rightarrow AT$ 中两组的标准化路径系数存在显著差异，但差异原因与对一、二线城市组和县乡组的分析基本一致，故不再赘述。在路径关系 $PBC \rightarrow PI$ 和 $PBC \rightarrow PB$ 的对比中看出，三、四线城市组中，感知行为控制对消费者的购买意愿产生显著影响，而对购买行为无显著影响，但在县乡组中却得到相反的结果。可能的原因是，三、四线城市消费者在综合考虑所有因素后，其主观上是更愿意购买国产婴幼儿配方乳粉的。与三、四线城市的消费者相反，不考虑自身条件的情况下，县乡的消费者可能更愿意购买进口婴幼儿配方乳粉，但受到感知行为控制的影响最终不得不购买国产婴幼儿配方乳粉。

表 7 - 34 以生活区域为调节变量的多群组结构方程模型估计结果

假说	路径关系	一、二线城市组	三、四线城市组	县乡组
H4	$AT \rightarrow PI$	0.479***	0.416***	0.663***
H5	$FC \rightarrow PI$	0.100***	0.055	−0.119**
H6	$GC \rightarrow PI$	−0.289***	−0.289***	−0.176***
H7	$PBC \rightarrow PI$	−0.027	−0.093**	−0.052
H8	$PBC \rightarrow PB$	0.004	0.020	0.189**
H9	$PI \rightarrow PB$	−0.717***	−0.704***	−0.547***
H11a	$PT \rightarrow AT$	0.890***	0.787***	0.919***
H11b	$GT \rightarrow AT$	−0.110	−0.055	−0.024
H11c	$ST \rightarrow AT$	0.033	0.073	0.033
H11d	$IT \rightarrow AT$	−0.074**	−0.093**	0.056
H12a	$PT \rightarrow PI$	0.006	0.092	−0.039
H12b	$GT \rightarrow PI$	0.180	0.102	0.116
H12c	$ST \rightarrow PI$	0.073	0.128	0.055
H12d	$IT \rightarrow PI$	−0.072**	−0.018	0.037

注：***、**、*分别表示在1%、5%、10%的统计水平上显著。

三、本章小结

本章实证分析了人口统计特征在安全信任与国产婴幼儿配方乳粉购买行为之间的调节作用，具体内容如下：

首先，为了更直观地体现人口统计特征变量对消费者安全信任和购买行为的调节作用，本章对不同人口统计特征消费者的安全信任和购买行为进行了对比分析。安全信任方面，除孩子数量外，不同性别、家庭所有成员月收入、受教育程度和生活区域的消费者对各主体的信任程度均存在显著差异。另外，除家庭所有成员月收入最高和最低的两个群组外，其他所有群组的消费者均对政府的信任度最高，对各主体的信任排序和总体基本一致。购买行为方面：①产品国别方面，不同性别和孩子数量的消费者购买的产品国别无明显差异，而家庭所有成员月收入、受教育程度和生活区域等级与消费者国产婴幼儿配方乳粉的购买比例存在负向相关关系；②购买渠道方面，男性消费者、高收入者、高学历者和生活区域等级较高者相比女性消费者、低收入者、低学历者、生活区域等级较低者，更多通过正规电商平台和其他渠道购买婴幼儿配方乳粉，较少通过母婴店购买；③产品价位方面，不同群体消费者购买的产品价位差别不大，女性和家中有两个及以上孩子的消费者购买的产品更多集中在 100～300 元，高收入者、高学历者和生活区域等级较高者相对更少购买 100 元以下的产品。

其次，运用多群组结构方程模型探究了人口统计特征变量在安全信任与国产婴幼儿配方乳粉购买行为关系中所起到的调节作用。选取了性别、孩子数量、家庭所有成员月收入、受教育程度和生活区域 5 个变量进行多群组分析。结果显示：在 $AT \to PI$、$GC \to PI$、$PI \to PB$ 和 $PT \to AT$ 路径关系中，各群组样本估计中均无显著差异；在 $FC \to PI$ 路径关系中，一孩及以下组、高收入组和一、二线城市组消费者的面子意识对其国产婴幼儿配方乳粉购买意愿影响更显著，在男/女性组以及低/高学历组之间无显著差异；在 $PBC \to PI$ 路径关系中，女性组、一孩及以下组、低收入组、低学历组、县乡组和三、四线城市组消费者的感知行为控制对国产婴幼儿配方乳粉购买意愿或行为的影响更大；在 $PBC \to PB$ 路径关系中，女性组、低收入组、低学历组、县乡组和三、四线城市组消费者的感知行为控制对国产婴幼儿配方乳粉购买行为影响更大；在 $IT \to AT$ 中，一孩及以下组、城市组和女性组消费者的进口产品信任对其行为态度的影响更显著，在低/高学历组以及低/高收入组之间无显著差异；在 $GT \to PI$ 中，男性组、一孩及以下组、高收入组消费者的政府信任对其购买意愿的影响较大，在低/高学历组以及不同生活区域组之间无显著差异；在 $IT \to PI$ 中，高收入组和一、二线城市组消费者的进口产品信任对国产婴幼儿配方乳粉购买意愿具有直接的显著影响。

第八章　引导消费者国产婴幼儿配方乳粉购买行为的对策建议

一、充分利用消费者群体意识

中国消费者对国产婴幼儿配方乳粉的购买意愿容易受到群体影响。这种影响主要来自社会和信息，被社会影响是指消费者趋向于迎合他人和社会的期望以实现归属感，被信息影响是指消费者采纳他人的信息作为产品安全的判断依据以避免出现购买决策错误。因此，婴幼儿配方乳粉生产主体可以利用消费者的群体意识来扩大客户群，进行更有效的广告宣传，树立良好的口碑，进而引导消费者国产婴幼儿配方乳粉购买行为。

（一）利用社会关系增加消费者数量

一个产品拥有的消费者数量在很大程度上决定了该产品在行业中的市场占有率。生产主体要想提高国产婴幼儿配方乳粉在中国市场的占有率，必须在现有的基础上进一步扩大消费者范围。将现有的国产婴幼儿配方乳粉消费者称作"核心人群"，由于婴幼儿配方乳粉的消费人群年龄段比较集中，大多数婴幼儿配方乳粉消费者身边会有一些怀孕的或孩子正在哺乳期的亲戚、朋友、同事（"关联人群"），可以利用"核心人群"的社会关系将国产婴幼儿配方乳粉的消费者范围扩展到"关联人群"。同时，为了进一步扩大消费者数量，可以深入挖掘"核心人群""关联人群"身边正在备孕的潜在消费者，在消费者备孕期抢占其心理，培养用户黏性，形成品牌记忆，消费者范围也就从"关联人群"扩展到了"潜在人群"。"潜在人群"可以分为两类，一类是与"核心人群"关系比较亲密的亲戚、朋友或同事；另一类是"核心人群"周围关系相对疏离的"潜在群体"，比如"核心人群"为了了解更多信息而加入的微信群、微博群中的群友等。与"潜在人群"取得联系的方式主要有两种：第一，对于第一类"潜在人群"，可以通过与"核心人群"深入沟通，详细了解"关联人群"和"潜在人群"的偏好和需求，根据偏好和需求赠送其产品试用装，委托"核心人群"交予对方，加深"潜在人群"对产品的了解，避免"核心人群"仅推荐产品名称导致"潜在人群"忘记的情况；第二，对于关系相对疏离的"潜在群体"，可以通过给予"核心人群"购买优惠、更多的产品服务等方式，获得"潜在群体"的联系方式，然后由专门的销售人员去研究推广。

（二）借助权威力量提高产品宣传有效性

产品宣传目的是让更多的消费者了解产品情况，促进和增加产品的销售，产品宣传是否有效决定了是否能够达到预期目的。中国消费者群体意识较强，很容易受到群体一致性压力而产生从众消费的心理。生产主体可以借助消费者认为比较公正或信赖的权威力量进行产品宣传，向消费者施加群体一致性压力，提高产品宣传的有效性，进而引导消费者国产婴幼儿配方乳粉购买行为。借助权威力量进行产品宣传的方式主要分为三类。第一，根据前文对安全信任的统计性描述，消费者普遍对政府的信任度最高，婴幼儿配方乳粉生产主体可以借助消费者对政府的信任，积极接受或定期邀请食品药品监管部门、质检部门等产品安全工作人员参观生产工厂，进行安全评估，并尽可能地在当地电视台等消费者观看率和认可度较高的平台进行报道。第二，由于婴幼儿配方乳粉的消费群体相对年轻，生产主体可以借助产品形象代言人的带动效应引领国产婴幼儿配方乳粉的消费潮流。产品形象代言人的选择是产品宣传有效性的关键，生产主体可以选择被消费群体尊重喜爱的明星或产品相关领域的权威人士作为形象代言人进行产品广告宣传，以提高产品宣传对消费者的说服力。产品形象代言人的选择需要注意两点，一是选择的明星代言人必须形象正面且受大多数消费者尊重喜爱，最好同样是孩子的妈妈（例如，飞鹤选择章子怡作为产品形象代言人），可以由网络调查的方式投票选出；二是选择产品相关领域的权威人士作为产品形象代言人，需要向消费者及时、真诚且详细地介绍代言人的基本情况。第三，通过冠名、赞助比较权威和深受欢迎的电视节目进行产品宣传。其中比较权威的电视节目是指消费者认可度较高的新闻、科普等类型电视节目，深受欢迎的电视节目是指收视率较高的综艺、电视剧等娱乐类节目，比如由伊利金领冠冠名播出的综艺《妻子的浪漫旅行》。另外，冠名赞助的节目必须保证录制人员公众形象正面，节目题材内容积极向上，最好与婴幼儿配方乳粉相关。

（三）利用赞誉效应树立良好的口碑

如果某产品在被消费者使用的过程中，给消费者留下了深刻的记忆点，那么该产品很可能会被消费群体大范围讨论，产品的口碑也就是在消费群体的讨论传播中形成的。中国消费者十分注重伦理关系，非正式的信息传播渠道会对消费者行为产生显著的影响，一旦某产品出现安全问题，少数消费者的抱怨、不满情绪会通过关系网不断蔓延。由于消费者对婴幼儿配方乳粉的安全敏感度极高，所以树立良好的口碑对国产婴幼儿配方乳粉生产主体的生存发展是极其重要的。国产婴幼儿配方乳粉生产者树立良好的口碑的根本在于保证产品安全，在产品安全的基础上，生产者可以利用产品细节、互联网和品牌故事为消费者提供值得赞誉的讨论点，通过赞誉效应为国产婴幼儿配方乳粉树立良好的口碑。第一，生产者需要在保证国产婴幼儿配方乳粉产品安全的同时，尽量把产品包装设计、售后服务等每一个细节都做到完美。这需要设计者充分了解消费者的使用过程和需求，当消费者感受到产品某一细节设计为其使用带来巨大便利时，产品的赞誉点也就产生了。第二，生产者可以通过微博、微信等社交平台发起关于婴幼儿配方乳粉的话题讨论，可以通过赠送优惠券或红包等奖励方式吸引消费者讨论，但要保证讨论信息和统计数据的真实性和可证实性，防止因消费者怀疑信息真实性而产生负面口碑。第三，可以将生产者研发国产婴幼儿配方乳粉的过程以品牌故事或动画视频短片的形式传递给消费者，既能为消费者科普产品知识，又可以制造话题讨论点。

二、努力提升消费者安全信任

消费者对国产婴幼儿配方乳粉的安全信任主要包括政府信任、生产主体信任、社会监管主体信任以及进口产品信任。虽然第六章的实证检验结果表明生产主体信任、社会监管主体信任和进口产品信任均对消费者购买意愿无直接影响，但从间接效应的角度看，三者对购买意愿均产生了较强的影响。由此可见，若想从根本上改变消费者普遍更信任进口婴幼儿配方乳粉的现状，需要全面提升消费者对政府、生产主体和社会监管主体的信任程度，提高各主体的信任程度需要各主体之间相互配合协作，仅靠单个主体的力量无法实现。因此，本章第二部分将围绕如何提升消费者对政府、生产主体和社会监管主体的信任度提出对策建议。

（一）提高消费者对政府产品安全监管力度的感知度

政府是国产婴幼儿配方乳粉产品安全的保障者，消费者对政府的信任程度直接影响了其购买国产婴幼儿配方乳粉的意愿程度。提升消费者对政府的信任程度的关键在于加强政府保障产品安全的能力，同时，还需打破消费者对政府监管松懈的固有印象，提高消费者对政府产品安全监管意愿和能力的感知度。

第一，提高政府对国产婴幼儿配方乳粉产品安全的监管力度。首先，政府应修订国产婴幼儿配方乳粉生产标准。与消费者深度访谈发现，很多消费者对国产婴幼儿配方乳粉的奶源安全和营养成分添加存疑。因此，奶源安全方面，政府应修订生乳质量安全检测标准，要求大包粉包装必须注明生乳生产日期、喷粉日期和保质期，以大包粉为原料生产的婴幼儿配方乳粉产品包装盒上需注明大包粉相关信息。营养成分添加方面，政府牵头建立母乳信息数据库，组织相关人员采集中国乃至世界各地区的母乳，分析对比母乳成分差别后，制定适合中国宝宝的营养成分添加标准。其次，坚持月月抽检，扩大抽检范围。婴幼儿配方乳粉监管部门要坚持月月抽检，增加抽检批次数量，扩大抽检范围，对国产和进口婴幼儿配方乳粉品牌实行抽检全覆盖。另外，对通过微商、代购等非正规渠道进入中国市场的进口婴幼儿配方乳粉，监管部门也要制定、实施合理的抽检方案。再次，建立婴幼儿配方乳粉消费者官方网络服务平台。政府需要为婴幼儿配方乳粉消费者提供明确、便捷的辨别途径帮助消费者验证产品的安全情况，婴幼儿配方乳粉监管部门可以与其他单位合作建立婴幼儿配方乳粉消费者官方网络服务平台，通过官方网站、手机 App、微信公众号等渠道为消费者服务，平台需覆盖中国市场中

90％以上的产品。服务平台应当包括产品质量安全追溯平台、产品验真伪系统和消费者维权系统，帮助消费者实现"从奶牛到奶瓶"式的全程监控，明辨产品真伪，保障消费者权益。最后，实行严厉的奖惩制度。政府需对婴幼儿配方乳粉生产主体实行奖惩分明的激励制度，可以将产品抽检合格率、消费者投诉率等作为评价指标，综合评价各生产主体的信用情况，信用分级后针对信用良好的企业给予奖励，对信用差的企业通报后责令整改。

第二，提高消费者对政府监管意愿和能力的感知程度。提高感知程度的关键在于，政府及时、准确且广泛地将监管部门在保障国产婴幼儿配方乳粉产品安全的过程中出台的措施和工作成果告知婴幼儿配方乳粉消费者。政府也可以利用婴幼儿配方乳粉消费者官方服务平台发布相关信息，信息内容主要包括产品生产标准解读、抽检方式及结果通报、产品安全检验方式和违规企业处罚结果。调研发现，很多消费者不了解如何辨别婴幼儿配方乳粉奶源是否安全和营养成分添加是否合理，听信谣言误认为国产婴幼儿配方乳粉的生产标准低于进口产品。政府需要详细解读国产婴幼儿配方乳粉的生产标准的制定依据及其与进口产品存在差别的原因。"月月抽检，月月公开"的抽检方式介绍过于模糊，政府需要向消费者详细介绍婴幼儿配方乳粉的抽检范围、频率、比例和批次等内容，并按时通报抽检结果的详细信息。政府需向消费者重点介绍产品安全追溯方式、真伪辨别方式以及维权系统的使用方法，可以通过视频教程、人工客服等途径。政府还应及时向消费者公开违规企业的处理结果，树立公平公正的政府形象，促使消费者感知到政府监管部门保证消费者权益的决心和能力。

（二）提高消费者对生产主体产品安全保证能力的认知度

生产主体行为是决定国产婴幼儿配方乳粉产品安全的直接因素，在安全信任变量中，消费者对生产主体的信任程度对其国产婴幼儿配方乳粉购买行为的影响总效应最大。提升消费者对生产主体的信任程度的根本在于提高生产主体保证产品安全的能力，以及转变生产主体在消费者心中"利润至上、安全第二"的固有印象，提高消费者对生产主体保证产品安全意愿和能力的认知度。

第一，提高婴幼儿配方乳粉生产主体对产品安全的保证能力。首先，严格遵循婴幼儿配方乳粉生产标准，升级生产工艺。生产主体要详细研读婴幼儿配方乳粉生产标准，严格把控婴幼儿配方乳粉的奶源安全和营养成分添加，切忌出现添加有害物质、成分造假等恶劣行为。定期检查更新生产设备，逐步升级实现智能化生产，降低人为污染的风险。其次，增加科研投入，提高产品差异化程度。生产主体不要盲目跟随进口婴幼儿配方乳粉的营养成分添加，应加大产品配方科研资金的投入，系统分析中国各地区的母乳成分构成并对比差异，探究中国宝宝的口味偏好以及身体发育所需要的营养成分，制定既适合中国宝宝又具有自身独特卖点的产品配方，甚至可以针对中国不同地区的宝宝定做产品配方，努力提高与进口婴幼儿配方乳粉产品配方的区别度，增强不可替代性。最后，重视产品安全自检工作。想要高效且零失误地完成产品安全自检工作，生产主体需具备先进的检测设备和严谨认真的工作态度两个要素。检测设备方面，大型生产主体应主动购买食品安全快速检测仪等产品安全检测必需设备，且保证设备精度和稳定度，资金有限的小型生产主体可以将产品安全自检工作全权委托给权威的第三方检测机构。工作态度方面，生产主体可以将产品安全检测工作委派给态度严谨认真的工作人员，将各项检测工作的安全责任落实到个人，要求工作人员在完成检测工作后必须签字，并将每批次产品的安全责任人姓名和联系方式上报给国家检测部门。

第二，提高消费者对企业保证产品安全意愿和能力的认知度。提高认知程度的关键在于，生产主体需要让消费者了解到其为了保证产品安全所做的努力和取得的成果，以及对消费者的买后产品质量感知的关心。首先，客观宣传国产婴幼儿配方乳粉产品信息。生产主体应客观地向消费者传达产品成分添加和营养功效，切忌在销售过程中夸大其词，产品缺陷也要诚实告知，不要避重就轻，提高消费者对产品成分的认知度。必要的时候，可以向消费者详细解释个别营养成分添加含量多少的原因，避免消费者因为认知不足，盲目购买某个营养成分含量更高的进口产品。其次，提高产品生产过程的透明度。为了让消费者更直观地了解国产婴幼儿配方乳粉的生产过程，生产主体可以实施"工厂开放日"计划，可以在每个月固定两天邀请消费者进厂参观，提高消费者对国产婴幼儿配方乳粉生产过程的认知度。对于受距离、时间等客观条件无法直接参观的消费者，有条件的生产主体可以利用科学技术进行产品生产过程的视频直播，消费者通过手机软件就可以对国产婴幼儿配方乳粉的生产过程进行"云监工"。最后，通过回访为消费者提供贴心的产品服务。生产主体可以安排售后人员在消费者购买产品后定期通过微信或电话询问宝宝食用产品后的身体情况，一旦出现问题，不论大小，诚恳道歉后第一时间为消费者处理、说明原因并补偿损失。对于比较严重的产品问题，生产主体可以将问题处理结果、问题反思及整改措施发布到官网，给消费者合理的交代。

（三）提高消费者对社会监管主体发布信息真实性的信任度

社会监管主体是国产婴幼儿配方乳粉的辅助监管者，本研究中虽然未证实消费者对社会监管主体的信任程度会显著影响其购买行为，但对于安全敏感度极高的婴幼儿配方乳粉消费者来说，任何产品安全信息都会牵动其神经。因此，有必要规范社会监管主体的信息发布行为，提高消费者信任度。

第一，保证社会监管主体发布的关于婴幼儿配方乳粉产品安全信息的真实性。保证信息真实性需要从政府监管和社会监管主体自我约束两方面共同努力。政府监管方面，为了净化国产婴幼儿配方乳粉产品信息流通环境，政府可以提高婴幼儿配方乳粉社会监管主体的准入门槛。通过信用度、权威度等指标评级，规定只有达到特定级别以上的媒体、报社、第三方检测机构等社会监管主体才能公开发布婴幼儿配方乳粉产品安全信息，其他专家须为其发布的信息言论负法律责任。未达到相应级别的社会监管主体只能转载相关信息，且须明确说明；未经许可擅自发布的主体，结合其发布的信息真实性将受到不同程度的处罚，恶意引导、故意抹黑的信息发布主体需负更严重的法律责任。社会监管主体自我约束方面，各主体应提高相关工作人员的素质水平，通过培训教育加强工作人员的责任意识，让其充分意识到保证产品安全信息真实性对消费者和中国婴幼儿配方乳粉行业的重要性，以及产品安全信息所产生的社会影响力。社会监管主体的负责人应认真审核工作人员表达的信息内容，保证信息内容是对事实的客观描述，切忌夸大其词，避免语言表达模糊歧义等问题，发布不属实信息的工作人员，根据事件对社会影响的程度受到相应处罚。

第二，提高消费者对社会监管主体发布的婴幼儿配方乳粉产品安全信息的信任度。首先，在保证真实的前提下，揭露国产婴幼儿配方乳粉产品安全的负面信息。社会监管主体所了解到的婴幼儿配方乳粉产品安全信息无论是正面还是负面的，都必须客观描述，只有勇于披露真实的负面信息，消费者才会真正相信正面的信息。另外，对于进口婴幼儿配方乳粉也要公正客观地评价其产品安全情况，不要一味报道其存在的安全问题，否则，给消费者留下刻意诋毁的印象，反而会降低消费者对国产婴幼儿配方乳粉的信任度。其次，为信息添加防伪标志。将政府和社会监管主体为保证信息真实性所做的整改措施广泛告知婴幼儿配方乳粉消费者，并重点介绍信息真假辨识方法。对于文本信息，可通过添加水印等方式制作防伪标志；对于视频信息，须在视频中告知信息发布者，并告知观众可以通过拨打相关热线咨询详情，热线工作人员应充分理解消费者对信息真实度的怀疑，并耐心给予详细的解释回答。

三、全面实施差异化营销策略

本研究发现不同性别、孩子数量、家庭所有成员月收入、受教育程度以及生活区域的消费者婴幼儿配方乳粉购买行为的影响因素存在显著的差异。因此，针对不同特征的消费者实施差异化的营销策略可能会引导消费者国产婴幼儿配方乳粉购买行为，此部分从销售模式、产品服务和宣传方式三方面提出对策建议。

（一）实施差异化的销售模式

本研究统计发现消费者购买婴幼儿配方乳粉的渠道主要包括正规电商平台、母婴店和超市，因此，可以将国产婴幼儿配方乳粉的主要销售模式分为B2C网络销售模式（正规电商平台）、代理商模式（母婴店、超市）、特许加盟模式（母婴店）、直营模式（母婴店）。通过统计描述不同特征消费者的购买渠道差别，发现不同家庭所有成员月收入和生活区域的消费者的购买渠道存在明显差别，随着家庭所有成员月收入和生活区域等级的提高，消费者通过正规电商平台购买的比例提高，通过母婴店购买的比例降低，而通过超市购买的比例无明显差别。一般情况下，生活区域等级越高，消费者的平均家庭所有成员月收入也就越高，因此，国产婴幼儿配方乳粉生产主体可以针对不同的区域选择不同的销售模式。

在一、二线城市，国产婴幼儿配方乳粉生产主体需要提高消费者购买意愿，可以采用 B2C 网络销售模式和代理商模式。首先，生产主体可以与电商平台合作，通过大数据识别为一、二线城市的消费者推送更多的国产婴幼儿配方乳粉网络店铺。其次，增加国产婴幼儿配方乳粉在一、二线城市的超市铺货率，提高超市导购的配备数量，并且要求导购全面了解进口和国产婴幼儿配方乳粉的产品特点和差别。最后，可以将一、二线城市的母婴专卖店的经营业务逐渐向母婴服务方向转型，提高对消费者的服务质量。

在三、四线城市，国产婴幼儿配方乳粉生产主体需要保证产品安全和服务质量，可以采用直营模式、特许加盟模式和代理商模式。首先，为了提高生产主体对母婴店的管控能力，应减少代理商模式的母婴店，增设直营模式和特许加盟模式的母婴店，并在销售产品的基础上增设母婴服务业务；其次，在代理销售的超市安排一定数量专业素质过硬的导购，要求其快速地为消费者找到适合的产品，并能够简洁清晰地答疑解惑。

在县城或乡镇，国产婴幼儿配方乳粉生产主体需要保证产品安全，抵制假冒伪劣商品，同样可以采用直营模式、特许加盟模式和代理商模式。相比城市地区，县乡地区婴幼儿配方乳粉消费者较少，生产主体可以根据当地需求量设定母婴店数量，并且需要提高代理超市的准入门槛，由母婴店作为代理商统一配送产品，将代理超市名称通过当地新闻广播广泛告知消费者。另外，母婴店还可以定期在线上或线下为当地消费者举办婴幼儿配方乳粉选购和真伪辨别方法培训。

（二）提供差异化的产品服务

不同特征的消费者对婴幼儿配方乳粉的产品需求同样存在较大差异，需要针对不同特征的消费者群体提供差异化的产品服务。为消费者提供产品服务的主要是产品导购和售后人员，需要他们具备较强的服务能力。

导购需要具备四个方面的能力。第一，需要建立对产品的认同感。导购对产品安全发自内心的认可和自信能够通过语言表达和语气传递给消费者，更容易建立消费者对产品的信任。当导购用不确定的语气向消费者介绍产品时，更容易引起消费者对产品安全的怀疑。导购最好有购买该产品的亲身经历，有助于对产品认同感的建立。第二，需要具备较强的亲和力。在向消费者介绍产品时，干净大方的形象，真诚亲切的语言，耐心细致的讲解，能够帮助导购更快地取得消费者信任，增强消费者与导购的沟通意愿。第三，需要具备丰富的专业知识。导购需要牢记所有产品的奶源和营养成分添加及其之间存在的成分差异，深刻理解产品主要成分的添加对宝宝身体发育产生的影响及其作用机理，以确保导购为消费者推销产品时能够快速清晰地介绍产品基本情况，面对消费者提问时能够轻松解答，避免出现模糊不清、模棱两可的回答，导致消费者的不信任。第四，能够快速为消费者提供合适的产品服务。需要说明的是，前三条是导购具备第四条能力的基础。较好的亲和力和观察能力帮助导购顺利地了解消费者受教育程度、收入等基本信息，以及消费者对产品的需求特征，导购利用丰富的专业知识能够快速且准确地找到符合消费者需求特征的产品，获取以上信息后才能花费最短的时间为其提供合适的产品服务。例如，对于不同性别的消费者，导购可以为女性消费者推荐性价比较高的国产婴幼儿配方乳粉产品，侧重介绍产品生产过程及其相比进口婴幼儿配方乳粉的产品优势；而对于男性消费者，导购可以为其推荐相对高端的产品，侧重通过介绍产品生产过程、成分添加和政府监管情况证明产品的安全性。对于不同收入的消费者，导购可以在强调产品安全的前提下，向收入较低的消费者提供一定程度的优惠；向收入较高的消费者推荐相对高端的产品，详细介绍政府对该产品的抽检情况，并提供相应的凭证，重点强调该产品与进口婴幼儿配方乳粉的区别，在其购买后提供周到的售后服务。

售后人员需要具备两方面的能力。一是了解不同特征的消费者的售后服务需求。售后人员需要具有敏锐的观察能力和问题分析能力，迅速满足不同特征的消费者对产品的售后需求，提高回购率。比如，男性组、一孩及以下组以及一、二线城市组的消费者可能更需要售后人员为其解决宝宝在食用产品后所遇到的问题，而女性组、二孩及以上组以及三、四线城市和县乡组的消费者可能更需要产品优惠券。二是良好的沟通能力。售后人员在服务消费者时应给予其充分理解，耐心真诚地回答问题，引起消费者的沟通欲望。

（三）采取差异化的宣传方式

产品宣传的目的是引导消费者国产婴幼儿配方乳粉购买行为，通过对比分析不同人口统计特征的消费者购买的产品国别发现，随着家庭所有成员月收入、受教育程度和生活区域级别的提高，购买国产婴幼儿配方乳粉的消费者比例明显降低。一般情况下，生活区域等级越高，消费者的平均家庭所有成员月收入和受教育程度也就越高。因此，国产婴幼儿配方乳粉生产主体可以针对不同的区域采取差异化的产品宣传方式。

一、二线城市中，本研究发现主要是国产婴幼儿配方乳粉安全信任度较低，导致消费者更愿意购买进口产品。生产主体可以通过提高消费者安全信任引导其购买行为。生产主体可以增加在一、二线城市的国产婴幼儿配方乳粉的广告宣传，制造更多消费者与国产婴幼儿配方乳粉产品安全信息的接触机会，引导他们关注国产婴幼儿配方乳粉的发展，提升消费者对国产婴幼儿配方乳粉的安全信任进而引导其购买行为。主要可以通过以下几种方式：一是增加国产婴幼儿配方乳粉品牌在一、二线城市当地电视台卫视广告中植入数量，提高一、二线城市的消费者对国产婴幼儿配方乳粉品牌的熟悉度；二是与一、二线城市消费者信任度较高的进口婴幼儿配方乳粉品牌合作，借助消费者对进口品牌的信任提高其对国产婴幼儿配方乳粉的安全信任；三是可以通过大数据识别，为一、二线城市消费者推送更多关于国产婴幼儿配方乳粉产品安全方面的信息，提高其对国产婴幼儿配方乳粉产品发展的认知程度。

三、四线城市中，本研究发现消费者对国产婴幼儿配方乳粉的安全信任度和购买率高于一、二线城市，但对进口产品的感知行为控制显著影响了消费者国产婴幼儿配方乳粉购买意愿，说明部分消费者受客观条件影响不得不抑制对进口产品的购买意愿。因此，生产主体需要进一步提高三、四线消费者的安全信任，以削弱感知行为控制的影响。由于国产婴幼儿配方乳粉在三、四线城市的市场占有率较高，生产主体可以利用群体意识将部分消费者对产品的信任传递给信任度较低的消费者，即利用消费者进行产品宣传。生产主体可以通过提高售后服务质量、赠送优惠券等方式制造宣传点，提高消费者的宣传意愿。

在县城或乡镇，本研究发现消费者对国产婴幼儿配方乳粉的安全信任度和购买率最高，但购买意愿对购买行为的影响程度最低，感知行为控制显著影响购买行为，可能存在消费者盲目信任和受客观条件影响不得已购买国产婴幼儿配方乳粉的现象。因此，生产主体需要广泛宣传国产婴幼儿配方乳粉产品安全情况，让消费者真正认可国产婴幼儿配方乳粉，而不是盲目信任或被动接受。各品牌生产主体可以联合起来定期举办婴幼儿配方乳粉科学选购知识普及会，重点解读国产与进口的差别，并在当地电视台进行视频播出。

四、本章小结

根据前文对安全信任与消费者国产婴幼儿配方乳粉购买行为之间的理论关系研究和实证检验结果，本章从充分利用消费者群体意识、努力提升消费者安全信任以及全面实施差异化营销策略三个方面提出引导消费者国产婴幼儿配方乳粉购买行为的对策建议。在充分利用消费者群体意识方面，主要从利用社会关系增加消费者数量、借助权威力量提高产品宣传有效性、利用赞誉效应树立良好的口碑入手；在努力提升消费者安全信任方面，主要从提高消费者对政府产品安全监管力度的感知度、提高消费者对生产主体产品安全保证能力的认知度、提高消费者对社会监管主体发布信息真实性的信任度入手；在全面实施差异化营销策略方面，主要从实施差异化的销售模式、提供差异化的产品服务、采取差异化的宣传方式入手。

第九章 结 论

一、本研究基本结论

本研究以信息不对称理论、消费者行为理论、计划行为理论为理论基础，结合中国文化背景和婴幼儿配方乳粉产品特点对传统计划行为理论进行修正、扩展，并将消费者对国产婴幼儿配方乳粉的安全信任进一步划分为政府信任、生产主体信任、社会监管主体信任和进口产品信任，在此基础上构建了安全信任对消费者国产婴幼儿配方乳粉购买行为影响机理的理论分析框架。本研究在已有文献的成熟量表和深度访谈的基础上经多次修正后设计了调研问卷，采取网络电子问卷的方式收集数据，在东部、中部、西部和东北部选取北京和广州（一线城市）、郑州和哈尔滨（二线城市）、呼和浩特和银川（三线城市）、牡丹江（四线城市）7个城市作为调研地点，采用等样本滚雪球方法分别发放100份问卷，共获取有效问卷604份。在运用描述性统计分析、独立样本 T 检验和单因素方差分析方法对样本数据进行必要的描述性分析的基础上，运用结构方程模型实证分析了安全信任对消费者国产婴幼儿配方乳粉购买行为的影响机理，并采用多群组结构方程模型探究了性别、孩子数量、家庭所有成员月收入、受教育程度和生活区域五个人口统计特征在安全信任与购买行为之间所起到的调节作用。在进行理论和实证分析后得出以下主要结论：

（1）在安全信任对国产婴幼儿配方乳粉购买行为影响机理的实证分析中，首先，本研究对消费者国产婴幼儿配方乳粉安全信任程度、传统和修正计划行为理论模型中的各变量和购买行为特征进行了描述性统计分析，研究发现：安全信任程度方面，消费者对四个主体的信任度排序为政府信任＞社会监管主体信任＞生产主体信任＞进口产品信任，政府信任处于有点信任和很信任之间，对其他三个主体的信任程度均处于不确定和有点信任之间；传统和修正计划行为理论中的各变量方面，除了面子意识外，消费者对行为态度、主观规范、群体意识和购买意愿四个变量的认同程度均处于不确定和有点同意之间；购买行为特征方面，产品国别方面，购买国产婴幼儿配方乳粉的消费者比例略高于进口，购买渠道方面，母婴店、超市和正规电商平台是主要购买渠道，产品价位方面，平均价位偏高，78.8%的受访者购买的婴幼儿配方乳粉在200元以上。然后，运用结构方程模型对理论模型解释力和变量关系进行了实证分析，研究发现：在模型解释力方面，传统、修正和扩展计划行为理论三个模型对消费者国产婴幼儿配方乳粉购买意愿和购买行为的解释力排序为扩展计划行为理论＞修正计划行为理论＞传统计划行为理论；在变量关系方面，行为态度、群体意识、感知行为控制对国产婴幼儿配方乳粉购买意愿具有显著影响，感知行为控制和购买意愿对国产婴幼儿配方乳粉购买行为具有显著影响，其中购买意愿的总效应和直接效应最大，行为态度的间接效应最大；安全信任变量中，生产主体信任和进口产品信任通过行为态度影响购买行为，政府信任通过购买意愿影响购买行为，其中，生产主体对购买行为影响的间接效应最大。

（2）在人口统计特征对安全信任与国产婴幼儿配方乳粉购买行为之间关系的调节作用分析中，首先，本研究对不同人口统计特征消费者的安全信任程度和购买行为特征进行了对比分析，并采用独立样本 T 检验和单因素方差分析方法检验了差异显著性，研究发现：安全信任程度方面，除孩子数量外，不同性别、家庭所有成员月收入、受教育程度和生活区域的消费者对各主体安全信任程度存在显著差异；购买行为特征方面，在产品国别和购买渠道方面不同性别消费者购买的产品国别无显著差异，而购买渠道存在显著差异，不同孩子数量的消费者在两者之间均无显著差异，不同家庭所有成员月收入、受教育程度和生活区域等级的消费者购买的产品国别和渠道存在明显差异，以上人口统计特征均对产品价位无明显影响。然后，运用多群组结构方程模型分析了人口统计特征变量在安全信任和国产婴幼儿配方乳粉购买行为之间的调节作用，研究发现：所有人口统计特征对行为态度与购买意愿、群体意识与购买意愿、购买意愿与购买行为和生产主体信任与行为态度四个路径的作用关系中均无显著调节作用；一孩及以下组、高收入组和一、二线城市组消费者的面子意识对其国产婴幼儿配方乳粉购买意愿影响更显著，性别和受教育程度无显著调节作用；女性组、一孩及以下组、低收入组、低学历组、三、四线城市组和县乡组消费者的感知行为控制对国产婴幼儿配方乳粉购买意愿或行为的影响更大；一孩及以下组、城市组和女性组消费者的进口产品信任对其行为态度的影响更显著，受教育程度和家庭所有成员月收入无显著调节作用；男性组、一孩及以下组、高收入组消费者的政府信任对其购买意愿的影响较大，受教育程度和生活区域无显著调节作用；高收入组和一、二线城市组消费者的进口产品信任显著影响国产婴幼儿配方乳粉购买意愿。

（3）根据安全信任与消费者国产婴幼儿配方乳粉购买行为之间的理论关系研究和实证检验结果，从充分利用消费者群体意识、努力提升消费者安全信任以及全面实施差异化营销策略三个方面提出引导消费者国产婴幼儿配方乳粉购买行为的对策建议。在充分利用消费者群体意识方面，主要从利用社会关系增加消费者数量、借助权威力量提高产品宣传有效性、利用赞誉效应树立良好的口碑入手；在努力提升消费者安全信任方面，主要从提高消费者对政府产品安全监管力度的感知度、提高消费者对生产主体产品安全保证能力的认知度、提高消费者对社会监管主体发布信息真实性的信任度入手；在全面实施差异化营销策略方面，主要从实施差异化的销售模式、提供差异化的产品服务、采取差异化的宣传方式入手。

二、本研究创新之处

（1）本研究为婴幼儿配方乳粉安全信任的维度划分提供了新的理论视角，开发了婴幼儿配方乳粉安全信任的测量量表。在所查阅的文献中，大多对信任的维度划分进行了系统研究，仅极少数学者从单一或多维度对安全信任进行测度，本研究从被信任对象的角度对婴幼儿配方乳粉安全信任进行维度划分，并结合相关文献和深度访谈资料开发了测量量表。

（2）本研究结合消费者文化背景和研究对象特征对传统计划行为理论进行了修正、扩展。所查阅到的现有消费者行为研究中均未综合考虑消费者文化背景和研究对象特征，由于影响因素考虑的不全面，导致理论模型对消费者行为的解释力不够。结合中国消费者的文化背景和婴幼儿配方乳粉产品特征，本研究修正、扩展了传统计划行为理论，构建了安全信任对国产婴幼儿配方乳粉购买行为影响机理的理论模型。

（3）本研究首次探究人口统计特征对消费者安全信任和国产婴幼儿配方乳粉的调节作用，初步探索了不同消费群体的婴幼儿配方乳粉购买行为存在差异的原因。在所查阅的文献中，大多数研究仅定性分析了消费者对国产婴幼儿配方乳粉的安全信任及购买情况，极少数学者实证分析了两者之间的关系，未见针对不同消费者群体的婴幼儿配方乳粉安全信任和购买行为差异的实证分析，本研究视角比较新颖。

三、研究不足与展望

本研究虽然针对安全信任对国产婴幼儿配方乳粉购买行为的影响机理进行了较为系统的研究，但由于关于婴幼儿配方乳粉消费行为的研究比较少见，可供参考的文献资料较少，且受到自身科研能力和客观条件的限制，本研究仍存在不足和进一步研究的空间：

（1）虽然本研究选择的调研地点覆盖范围较广，但受到时间和经费的限制，本研究仅挑选了7个城市作为调研地点，回收了604份有效问卷。在对人口统计特征变量的调节作用进行多群组分析时，虽然所有消费群体的样本数量达到了模型要求且模型适配度良好，但个别群体的消费者样本数量相对较少，无法代表全国平均情况。未来笔者会继续进行数据收集，更深入地探究人口统计特征在安全信任与国产婴幼儿配方乳粉购买行为之间的调节作用。

（2）婴幼儿配方乳粉是消费者安全敏感度最高的食品，本研究根据婴幼儿配方乳粉产品特征构建了安全信任对国产婴幼儿配方乳粉购买行为影响机理的理论框架。在食品安全信任危机的社会背景下，消费者对安全敏感度相对较低的食品（有机食品、转基因食品等）的购买行为同样值得研究，本研究的理论框架是否适用于安全敏感度相对较低的食品，需要笔者未来进一步深入地挖掘。

参考文献 REFERENCES

[1] El Benni N，Stolz H，Home R，et al.，2019. Product attributes and consumer atti-tudes affecting the preferences for infant milk formula in China – A latent class ap-proach [J]. Food Quality and Preference，71：25 – 33.

[2] Qiao GH，Guo T，Klein KK，2012. Melamine and other food safety and health scares in China：Comparing households with and without young children [J]. Food Con-trol，26（2）：378 – 386.

[3] Qian GX，Guo XC，Guo JJ，et al.，2011. China's dairy crisis：Impacts，causes and policy implications for a sustainable dairy industry [J]. International Journal of Sus-tainable Development and World Ecology，18（5）：434 – 441.

[4] De Lauzon – Guillain B，Davisse – Paturet C，Lioret S，et al.，2018. Use of infant formula in the ELFE study：The association with social and health – related factors [J]. Maternal and Child Nutrition，14（1）：e12477.

[5] Weber M，Grote V，Closa – Monasterolo R，et al.，2014. Lower protein content in infant formula reduces BMI and obesity risk at school age：Follow – up of a random-ized trial [J]. American Journal of Clinical Nutrition，99（5）：1041 – 1051.

[6] Bourlieu C，Menard O，De La Chevasnerie A，et al.，2015. The structure of infant formulas impacts their lipolysis，proteolysis and disintegration during in vitro gastric digestion [J]. Food Chemistry，182：224 – 235.

[7] 李想，石磊，2014. 行业信任危机的一个经济学解释：以食品安全为例 [J]. 经济研究，49（1）：169 – 181.

[8] Kendall H，Naughton P，Kuznesof S，et al.，2018. Food fraud and the perceived in-tegrity of European food imports into China [J]. PLoS – One in Press，13（5）：1 – 27.

[9] Knight J，Gao HZ，Garrett T，et al.，2008. Quest for social safety in imported foods in China：Gatekeeper perceptions [J]. Appetite，50（1）：146 – 157.

[10] Liu RD，Pieniak Z，Verbeke W，2013. Consumers' attitudes and behaviour towards

safe food in China：A review ［J］. Food Control，33 （1）：93 - 104.

［11］ Keith Walley，Paul Custance，Tan Feng，et al.，2014. The influence of country of origin on Chinese food consumers ［J］. Transnational Marketing Journal，2 （2）：78 - 98.

［12］ Wang ZG，Mao Y，Gale F，2008. Chinese consumer demand for food safety attributes in milk products ［J］. Food Policy，33 （1）：27 - 36.

［13］ Xu LL，Wu LH，2010. Food safety and consumer willingness to pay for certified traceable food in China ［J］. Journal of the Science of Food and Agriculture，90 （8）：1368 - 1373.

［14］ Krittinee N，John T，2017. The importance of consumer trust for the emergence of a market for green products：The case of organic food ［J］. Journal of Business Ethics，140 （2）：323 - 337.

［15］ Lobb AE，Mazzocchi M，Traill WB，2007. Modelling risk perception and trust in food safety information within the theory of planned behaviour ［J］. Food Quality and Preference，18 （2）：384 - 395.

［16］ 杨中芳，彭泗清，1999. 中国人人际信任的概念化：一个人际关系的观点 ［J］. 社会学研究 （2）：3 - 23.

［17］ 许烺光，2002. 宗族、种姓与社团 ［M］. 黄光国，译. 台北：南天书局.

［18］ 翟学伟，2014. 信任的本质及其文化 ［J］. 社会，34 （1）：1 - 26.

［19］ 刘华，陈艳，2013. 婴幼儿配方乳粉消费者购买行为的影响因素分析：基于南京市 167 位消费者的调查数据 ［J］. 湖南农业大学学报 （社会科学版），14 （1）：22 - 28，41.

［20］ 黄亚东，李莎莎，木其尔，等，2015. 呼和浩特市区及近郊旗县婴幼儿配方乳粉消费情况调查 ［J］. 中国乳品工业，43 （4）：53 - 58.

［21］ 徐迎军，徐振东，陈雨生，等，2017. 产地、品牌与国货意识：婴幼儿配方奶粉的来源国效应研究 ［J］. 经济经纬，34 （4）：86 - 91.

［22］ 唐学玉，李世平，2012. 基于消费动机维度的安全农产品市场细分研究：以南京市为例 ［J］. 农业技术经济 （1）：109 - 117.

［23］ Cook AJ，Kerr GN，Moore K，2002. Attitudes and intentions towards purchasing GM food ［J］. Journal of Economic Psychology，23 （5）：557 - 572.

［24］ Vermeir I，Verbeke W，2008. Sustainable food consumption among young adults in Belgium：Theory of planned behaviour and the role of confidence and values ［J］.

Ecological Economics，64（3）：542 - 553.

[25] Qi X，Ploeger A，2019. Explaining consumers' intentions towards purchasing green food in Qingdao，China：The amendment and extension of the theory of planned behavior [J]. Appetite，133：414 - 422.

[26] Kim YG，Jang SY，Kim AK，2014. Application of the theory of planned behavior to genetically modified foods：Moderating effects of food technology neophobia [J]. Food Research International，62：947 - 954.

[27] Vecchione M，Feldman C，Wunderlich S，2015. Consumer knowledge and attitudes about genetically modified food products and labelling policy [J]. International Journal of Food Sciences and Nutrition，66：329 - 335.

[28] Zhang YY，Jing LL，Bai QG，et al.，2018. Application of an integrated framework to examine Chinese consumers' purchase intention toward genetically modified food [J]. Food Quality and Preference，65：118 -128.

[29] 李东进，吴波，武瑞娟，2009. 中国消费者购买意向模型：对 Fishbein 合理行为模型的修正 [J]. 管理世界（1）：121 - 129，161.

[30] 何小洲，彭露，2014. 礼品消费购买意向研究：基于 Fishbein 理性行为修正模型的探讨 [J]. 江西社会科学，34（10）：216 - 221.

[31] 郑玉香，袁少锋，2009. 中国消费者炫耀性购买行为的特征与形成机理：基于参照群体视角的探索性实证研究 [J]. 经济经纬（2）：115 - 119.

[32] 李怀祖，2004. 管理研究方法论 [M]. 西安：西安交通大学出版社.

[33] Zhu HK，Kannan K，2018. Continuing occurrence of melamine and its derivatives in infant formula and dairy products from the united states：Implications for environmental sources [J]. Environmental Science & Technology Letters，11：641 - 648.

[34] Kelleher SL，Chatterton D，Nielsen K，et al.，2003. Glycomacropeptide and alpha - lactalbumin supplementation of infant formula affects growth and nutritional status in infant rhesus monkeys [J]. American Journal of Clinical Nutrition（77）：1261 - 1268.

[35] Smith HA，Hourihane JO，Kenny LC，et al.，2016. Infant formula feeding practices in a prospective population based study [J]. Bmc Pediatrics，16.

[36] Appleton J，Laws R，Russell CG，et al.，2018. Infant formula feeding practices and the role of advice and support：an exploratory qualitative study [J]. Bmc Pediatrics，18.

[37] Slupsky CM，He X，Hernell O，et al.，2017. Postprandial metabolic response of

breast‐fed infants and infants fed lactose‐free *vs.* regular infant formula：A randomized controlled trial [J]. Scientific Reports，7.

[38] Bettler J，Zimmer JP，Neuringer M，et al.，2010. Serum lutein concentrations in healthy term infants fed human milk or infant formula with lutein [J]. European Journal of nutrition，49：45－51.

[39] Gan CX，Conroy D，Lee M，2017. Nutrition，safety，and trust：The case of infant formula consumption in Urban China [J]. Annals of Nutrition and Metabolism，71：1324－1324.

[40] Yin SJ，Lv SS，Chen YS，et al.，2018. Consumer preference for infant milk‐based formula with select food safety information attributes：Evidence from a choice experiment in China [J]. Canadian Journal of Agricultural Economics/Revue Canadienne D'Agrieconomie，66（4）：557－569.

[41] Hanser A，Li JC，2015. Opting out? Gated consumption，infant formula and China's affluent urban consumers [J]. China Journal，74：110－128.

[42] Wu LH，Yin SJ，Xu YJ，et al.，2014. Effectiveness of China's organic food certification policy：Consumer preferences for infant milk formula with different organic certification labels [J]. Canadian Journal of Agricultural Economics/Revue Canadienne D'Agroeconomie，62（4）：545－568.

[43] Yin SJ，Li Y，Xu YJ，et al.，2017. Consumer preference and willingness to pay for the traceability information attribute of infant milk formula evidence from a choice experiment in China [J]. British Food Journal，119：1276－1288.

[44] 刘巍，2008. "问题奶粉"是必然的吗？[J]. 瞭望（38）：10－12.

[45] 楼明，2009. 我国乳及乳制品在营销中的卫生安全问题及控制 [J]. 江苏商论（6）：91－93.

[46] 刘杰，2008. "免检"的理性思考 [J]. 人民论坛（20）：46.

[47] 耿国彪，2008. 从三鹿奶粉事件看行业潜规则 [J]. 绿色中国（19）：8－9.

[48] 梁栋，张洪河，刘巍，2008. 紧急应对"三鹿事件" [J]. 瞭望（38）：8－9.

[49] 侯志春，2010. 公共视野下的行业危机及其对策分析 [J]. 商业时代（26）：110－111.

[50] 漆雁斌，陈卫洪，陈家伟，2009. 问题奶粉事件对中国乳制品产业的影响 [J]. 农村经济（1）：43－46.

[51] 苏浩，丁仁博，赵文超，等，2010. 南京地区乳品消费市场调查分析 [J]. 中国乳

品工业，38（8）：56-59.

[52] 芦丽静，马彦丽，2014.“乳品新政”影响下我国婴幼儿配方乳粉进口贸易的发展趋势探讨［J］. 中国畜牧杂志，50（18）：23-27.

[53] 昝梦莹，田万强，2015. 我国婴幼儿配方乳粉市场消费现状与对策［J］. 企业经济（12）：76-80.

[54] 全世文，于晓华，曾寅初，2017. 我国消费者对奶粉产地偏好研究：基于选择实验和显示偏好数据的对比分析［J］. 农业技术经济（1）：52-66.

[55] 于海龙，李秉龙，2012. 中国城市居民婴幼儿配方乳粉品牌选购行为研究：以北京市为例［J］. 统计与信息论坛，27（1）：101-106.

[56] 尹世久，王小楠，陈雨生，等，2014. 品牌、认证与产地效应：基于消费者对含有不同属性奶粉的偏好分析［J］. 软科学，28（11）：115-118.

[57] 全世文，曾寅初，刘媛媛，等，2011. 食品安全事件后的消费者购买行为恢复：以三聚氰胺事件为例［J］. 农业技术经济（7）：4-15.

[58] 郭峰，李丽，2016. 消费者对可追溯奶粉购买行为及影响因素分析：基于388份调查数据的实证研究［J］. 中国畜牧杂志，52（16）：27-32.

[59] 冯炜，2010. 消费者网络购物信任影响因素的实证研究［D］. 杭州：浙江大学.

[60] 郑也夫，2000. 信任的简化功能［J］. 北京社会科学（3）：113-119，134.

[61] 张康之，2005. 在历史的坐标中看信任：论信任的三种历史类型［J］. 社会科学研究（1）：11-17.

[62] Deutsch M，1958. Trust and suspicion［J］. The Journal of Conflict Resolution（2）：265-279.

[63] Baier A，1994. Moral prejudices［M］. London：Routledge.

[64] 马克思·韦伯，1997. 儒教与道教［M］. 王容芬，译. 北京：商务印书馆.

[65] 福山·弗朗西斯，2001. 信任：社会美德与创造经济繁荣［M］. 彭志华，译. 海口：海南出版社.

[66] Driscoll JW，1978. Trust and participation in organizational decision making as predictors of satisfaction［J］. Academy of Management Journal，21：44-56.

[67] Mayer RC，Davis JH，Schoorman FD，1995. An integrative model of organizational trust［J］. Academy of Management Review，20（3）：709-734.

[68] Zaltman G，Moorman C，1989. The management and use of advertising research［J］. Journal of Advertising Research，28（6）：11-18.

[69] Hawes JM，Mast KE，Swan JE，1989. Trust earning perceptions of sellers and

buyers [J]. The Journal of Personal Selling & Sales Management, 9 (1): 1-8.

[70] Crosby LA, Evans KR, Cowles D, 1990. Relationship quality in services selling: An interpersonal influence perspective [J]. Journal of Marketing, 54: 68-81.

[71] Doney PM, Cannon JP, 1997. An examination of the nature of trust in buyer-seller relationships [J]. Journal of Marketing, 61: 35-51.

[72] Rotter JB, 1967. A new scale for the measurement of interpersonal trust [J]. Journal of Personality, 35: 651-665.

[73] Rousseau DM, Sitkin SB, Burt RS, et al., 1998. Not so different after all: A cross-discipline view of trust [J]. Academy of Management Review, 23 (3): 393-404.

[74] Schurr H, Ozanne JL, 1985. Influence on exchange processes: Buyers' preconceptions of a seller's trustworthiness and bargaining toughness [J]. Journal of Consumer Research, 11 (3): 419-427.

[75] Gambetta DG, 1988. Can we trust? [M] //Gambetta DG. Trust, New York: Basil Blackwell.

[76] Weitz BA, Jap D, 1995. Relationship marketing and distribution channels [J]. Journal of the Academy of Marketing Science, 23 (4): 305-320.

[77] Matthews BA, Shimoff E, 1979. Expansion of exchange: Monitoring trust levels in ongoing exchange relations [J]. Journal of Conflict Resolution, 23: 538-560.

[78] Moorman C, Deshpande R, Zaltman G, 1993. Factors affecting trust in market research relationships [J]. Journal of Marketing, 57 (1): 81-101.

[79] 张宁, 张雨青, 吴坎坎, 2011. 信任的心理和神经生理机制 [J]. 心理科学, 34 (5): 1137-1143.

[80] 克雷默, 泰勒, 2003. 组织中的信任 [M]. 管兵, 刘穗琴, 译. 北京: 中国城市出版社.

[81] 沃伦, 马克, 2004. 民主与信任 [M]. 吴辉, 译. 北京: 华夏出版社.

[82] Wrightsman, Lawrence S, 1974. Assumptions about human nature: A social-psychological analysis [M]. Monterey, CA: Brooks/Ccle.

[83] Cummings L, Philip Bromiley, 1996. The Organizational Trust Inventory (OTI): Development and validation. [M] //Rodenick M. Kramer, Tom R. Tyler. Trust in Organizations. Newbury Park.

[84] Sabel, Charles F, 1993. Studied trust: Building new forms of cooperation in volatile economy [J]. Explorations on Economic Sociology (46): 1133-1170.

[85] Schoorman F，David，Roger C，et al.，1995. An intergrative model of organization-al trust ［J］. Academy of Management Review，20：709-734.

[86] Mishra，Jitendra，Morrissey A，1990. Trust in employee/employer relationships：A survey of West Michigan managers ［J］. Public Personnel Management，19：443-486.

[87] Mcknight D，Harrison L，Cummings，et al.，1998. Initial trust formation in new organizational relationship ［J］. Academy of Management Review，23：473-490.

[88] 杨宜音，2003. 自己人：信任建构中的个案研究 ［M］//郑也夫，彭泗清，等. 中国社会中的信任. 北京：中国城市出版社.

[89] Markus，Hazel R，Shinobu Kitayama，1991. Cultural variation in the self-concept ［M］//Strauss J E，Goethals G R. The Self：Interdisciplinary Approaches. New York：Springer-Verlag.

[90] Cook L，Wall T，1980. New work attitude measures of trust，organizational com-mitment，and personal need nonfulfillment ［J］. Journal of Occupational Psychol-ogy，53：39-52.

[91] 董才生，2010. 论吉登斯的信任理论 ［J］. 学习与探索 (5)：64-67.

[92] Weber M. The religion of China：Confucianism and Taoism ［M］. New York：The Free Press.

[93] Johnson-George C，Swap W，1982. Measurement of specific interpersonal trust：Construction and validation of a scale to assess trust in a specific other ［J］. Journal of Personality and Social Psychology，43：1306-1317.

[94] McAllister D，1995. Affect and cognition-based trust as foundations for interper-sonal cooperation in organizations ［J］. Academy of Management Journal，38：24-59.

[95] Lee EJ，2002. Factors influence consumer trust in human-computer interaction：An examination of interface factors and the moderating influence ［D］. Knoxville：Ten-nessee University Doctor Paper.

[96] Lewicki RJ，Bunker B，1995. Trust in relationship：A model of development and decline ［J］// B. B.，J. Z. Rubin. Conflict，cooperation，and justice：133-173.

[97] Ganesan S，1994. Determinants of long-term orientation in buyer-seller relation-ships ［J］. Journal of Marketing，58 (4)：1-19.

[98] 彭泗清，杨中芳，1995. 中国人人际信任的初步探讨 ［C］. 第一届华人心理学家学

术研讨会论文. 台北.

[99] Das TK，Teng BS，1998. Between trust and control：Developing confidence in part-
ner cooperation in alliance [J]. Academy of Management Review，23（3）：491 -
512.

[100] Farris GF，Senner EE，Butterfield DA，1973. Trust，culture，and organizational
behavior [J]. Industrial Relations，12：144 - 157.

[101] Rempel JK，Holmes JG，Zanna MP，1985. Trust in close relationships [J]. Jour-
nal of Personality and Social Psychology，49：95 - 112.

[102] 许科，2005. 员工对领导者信任的结构研究 [D]. 开封：河南大学.

[103] Barney JB，Hansen M，1994. Trustworthiness as a source of competitive advantage
[J]. Strategic Management Journal，25：175 - 190.

[104] 翟学伟，2003. 社会流动与关系信任：也论关系强度与农民工的求职策略 [J].
社会学研究（1）：1 - 11.

[105] 郑伯壎，刘怡君，1995. 义利之辨与企业间的交易历程：台湾组织间网络的个案
分析 [J]. 本土心理学研究（4）：2 - 41.

[106] Costigan RD，Ilter SS，Berman JJ，1998. A multi - dimensional study of trust in
organizations [J]. Journal of Managerial Issues，10（3）：303 - 317.

[107] Chowdhury S，2005. The role of affect and cognition - based trust in complex
knowledge sharing [J]. Journal of Managerial Issues，3：310 - 326.

[108] 王振，2018. 基于产消互动的消费者食物安全信任构建路径研究 [D]. 北京：中
国农业大学.

[109] De Jonge J，van Trijp H，Renes RJ，et al.，2007. Understanding consumer confi-
dence in the safety of food：Its two - dimensional structure and determinants [J].
Risk Analysis，27（3）：729 - 740.

[110] 李文瑛，李崇光，肖小勇，2018. 基于刺激—反应理论的有机食品购买行为研究：
以有机猪肉消费为例 [J]. 华东经济管理，32（6）：171 - 178.

[111] 刘增金，俞美莲，乔娟，2017. 信息源信任对消费者食品购买行为的影响研究：以
可追溯猪肉为例 [J]. 农业现代化研究，38（5）：755 - 763.

[112] 卢菲菲，何坪华，闵锐，2010. 消费者对食品质量安全信任影响因素分析 [J].
西北农林科技大学学报（社会科学版），10（1）：72 - 77.

[113] 加里·阿姆斯特朗，菲利普·科特勒，2004. 科特勒市场营销教程（第 6 版）
[M]. 俞利军，译. 北京：华夏出版社.

[114] Ajzen I，1991. The theroy of planned behavior［J］. Organizational Behavior and Human Decision Processes1，50（2）：179 - 211.

[115] Ajzen I，2006. Perceived behavioral control，self - efficacy，locus of control，and the Theory of Planned Behabior［J］. Journal of Applied Social Psycholigy，32（4）：665 - 683.

[116] Chen Mei - Fang，2007. Consumer attitudes and purchase intentions in relation to organic foods in Taiwan：Moderating effects of food - related personality traits［J］. Food Quality and Preference，18：1008 - 1021.

[117] Yadav R，Pathak GS，2016. Intention to purchase organic food among young consumers：Evidences from a developing nation［J］. Appetite，96：122 - 128.

[118] 罗丞，2010. 消费者对安全食品支付意愿的影响因素分析：基于计划行为理论框架［J］. 中国农村观察（6）：22 - 34.

[119] 何学松，孔荣，2018. 政府推广、金融素养与创新型农业保险产品的农民行为响应［J］. 西北农林科技大学学报（社会科学版），18（5）：128 - 136.

[120] 盛光华，龚思羽，解芳，2019. 中国消费者绿色购买意愿形成的理论依据与实证检验：基于生态价值观、个人感知相关性的 TPB 拓展模型［J］. 吉林大学社会科学学报，59（1）：140 - 151，222.

[121] Assael H，2004. Consumer behaviour：A strategic approach［M］. Bostan：Houghton Mifflin Harcourt Company.

[122] 卢泰宏，杨晓燕，张红明，2005. 消费者行为学：中国消费者透视［M］. 北京：高等教育出版社.

[123] 戴迎春，朱彬，应瑞瑶，2006. 消费者对食品安全的选择意愿：以南京市有机蔬菜消费行为为例［J］. 南京农业大学学报（社会科学版）（1）：47 - 52.

[124] 周应恒，王晓晴，耿献辉，2008. 消费者对加贴信息可追溯标签牛肉的购买行为分析：基于上海市家乐福超市的调查［J］. 中国农村经济（5）：22 - 32.

[125] Krystallis A，Chryssohoidis G，2005. Consumers' willingness to pay for organic food - factors that affect it and variation per organic product type［J］. British Food Journal，107（4 - 5）：320 - 343.

[126] 杨楠，2015. 消费者有机食品购买行为影响因素的实证研究［J］. 中央财经大学学报（5）：89 - 95.

[127] 张振，乔娟，2014. 品牌信任对消费者猪肉消费行为的影响［J］. 技术经济，33（2）：77 - 82.

[128] Menozzi D，Halawany – Darson R，Mora C，et al.，2015. Motives towards tracea-ble food choice：A comparison between French and Italian consumers [J]. Food Control，49：40 – 48.

[129] Krystallis A，Maglaras G，Mamalis S，2008. Motivations and cognitive structures of consumers in their purchasing of functional foods [J]. Food Quality and Prefer-ence，19：525 – 538.

[130] McKinnon L，Giskes K，Turrell G，2014. The contribution of three components of nutrition knowledge to socio – economic differences in food purchasing choices [J]. Public Health Nutrition，17：1814 – 1824.

[131] Wang XH，Pacho F，Liu J，et al.，2019. Factors influencing organic food pur-chase intention in developing countries and the moderating role of knowledge [J]. Sustainability，11.

[132] Wunderlich S，Gatto K，Smoller M，2018. Consumer knowledge about food pro-duction systems and their purchasing behavior [J]. Environment Development and Sustainability，20：2871 – 2881.

[133] Hidalgo – Baz M，Martos – Partal M，Gonzalez – Benito O，2017. Attitudes *vs*. purchase behaviors as experienced dissonance：The roles of knowledge and consum-er orientations in organic market [J]. Frontiers in Psychology，8.

[134] Lee HJ，Yun ZS，2015. Consumers' perceptions of organic food attributes and cog-nitive and affective attitudes as determinants of their purchase intentions toward or-ganic food [J]. Food Quality and Preference，39：259 – 267.

[135] 周洁红，2005. 消费者对蔬菜安全认知和购买行为的地区差别分析 [J]. 浙江大学学报（人文社会科学版）(6)：113 – 121.

[136] 姜百臣，吴桐桐，2017. 偏好逆转下消费者生鲜鸡认知与购买意愿：基于广东省问卷数据的分析 [J]. 中国农村观察 (6)：71 – 85.

[137] Yeung R，Yee W，Morris J，2010. The effects of risk – reducing strategies on con-sumer perceived risk and on purchase likelihood a modelling approach [J]. British Food Journal，112：306 – 322.

[138] 张应语，张梦佳，王强，等，2015. 基于感知收益—感知风险框架的 O2O 模式下生鲜农产品购买意愿研究 [J]. 中国软科学 (6)：128 – 138.

[139] 薛永基，白雪珊，胡煜晗，2016. 感知价值与预期后悔影响绿色食品购买意向的实证研究 [J]. 软科学，30 (11)：131 – 135.

[140] 崔登峰，黎淑美，2018. 特色农产品顾客感知价值对顾客购买行为倾向的影响研究：基于多群组结构方程模型 [J]. 农业技术经济（12）：119-129.

[141] 菲利普·科特勒，2001. 营销管理（第10版）[M]. 梅汝和，等译. 北京：中国人民大学出版社.

[142] Yau, Oliber HM，1988. Chinese cultural values：Their dimensions and marketing implicationgs [J]. European Journal of Marketing，22（5）：44-57.

[143] 劳可夫，王露露，2015. 中国传统文化价值观对环保行为的影响：基于消费者绿色产品购买行为 [J]. 上海财经大学学报，17（2）：64-75.

[144] 袁晓辉，吕长文，肖亚成，2021. 信任对城市居民有机食品消费行为的影响机理分析 [J]. 中国农业资源与区划，42（4）：217-228.

[145] Hoque MZ，Alam MN，2018. What determines the purchase intention of liquid milk during a food security crisis？ The role of perceived trust，knowledge，and risk [J]. Sustainability，10.

[146] Giampietri E，Verneau F，Del Giudice T，et al. ，2018. A Theory of Planned behaviour perspective for investigating the role of trust in consumer purchasing decision related to short food supply chains [J]. Food Quality and Preference，64：160-166.

[147] 罗丞，2013. 消费者公共机构信任程度对安全食品购买意愿的影响 [J]. 农业经济与管理（1）：42-49，54.

[148] 夏晓平，李秉龙，2011. 品牌信任对消费者食品消费行为的影响分析：以羊肉产品为例 [J]. 中国农村观察（4）：14-26，96.

[149] 马龙龙，2011. 企业社会责任对消费者购买意愿的影响机制研究 [J]. 管理世界（5）：120-126.

[150] 唐步龙，李晓鸿，2019. 认证信任对消费者果蔬消费行为的影响 [J]. 江苏农业科学，47（3）：343-346.

[151] 蔺雨浓，孙雪晴，2017. 国产婴幼儿配方乳粉企业的消费者信任危机问题 [J]. 中国市场（21）：98-99.

[152] 杜欣蔚，2019. 信心源于信任 信任需要质量保证：中国农业大学刘玉梅解读消费者对国产乳制品的态度及消费行为 [J]. 中国乳业（3）：34-35.

[153] 潘伟平，2018. 婴幼儿配方乳粉消费的原产国效应来源及其影响因素分析 [J]. 福建农林大学学报（哲学社会科学版），21（5）：49-55.

[154] 韩磊，刘长全，2019. 中国奶业经济发展趋势、挑战与政策建议 [J]. 中国畜牧

杂志，55（1）：151－156.

[155] Kendall H，Kuznesof S，Dean M，et al.，2019. Chinese consumer's attitudes，perceptions and behavioural responses towards food fraud [J]. Food Control，1：339－351.

[156] 霍晓娜，2016. 重塑国产奶粉消费信心研究 [J]. 中国乳业（9）：23－25.

[157] Stiglitz JE，Weiss A，1981. Credit rationing in markets with imperfect information [J]. The American Economic Review，71（3）：393－410.

[158] 李勇，任国元，杨万江，2004. 安全农产品市场信息不对称及政府干预 [J]. 农业经济问题（3）：62－64.

[159] Akerlof GA，1970. The market for "lemons"：Quality uncertainty and the market mechanism [J]. The Quarterly Journal of Economics，84（3）：488－500.

[160] 卢泰宏，2017. 消费者行为学 50 年：演化与颠覆 [J]. 外国经济与管理，39（6）：23－38.

[161] 司金銮，1996. 当代西方消费者行为定义初探 [J]. 国外社会科学（5）：76－77.

[162] 晏国祥，2008. 消费者行为理论发展脉络 [J]. 经济问题探索（4）：31－36.

[163] 罗纪宁，2004. 消费者行为研究进展评述：方法论和理论范式 [J]. 山东大学学报（哲学社会科学版）（4）：98－104.

[164] 钱贵霞，佟成元，李梦雅，2014. 国产与进口品牌婴幼儿配方奶粉的消费选择：基于呼和浩特市城区消费者调查数据的分析 [J]. 农业经济与管理（5）：45－51.

[165] Carfora V，Cavallo C，Caso D，et al.，2019. Explaining consumer purchase behavior for organic milk：Including trust and green self－identity within the theory of planned behavior [J]. Food Quality and Preference，76：1－9.

[166] Dowd K，Burke K J，2013. The influence of ethical values and food choice motivations on intentions to purchase sustainably sourced foods [J]. Appetite，69：137－144.

[167] Albaum GR，A Peterson，1984. Empirical research in international marketing：1976—1982 [J]. Journal of International Business Studies，10：161－173.

[168] Lee Chol，Robert T，Green，1991. Cross－cultural examination of the fishbein behavioral intentions model [J]. Journal of International Business Studies，10：289－304.

[169] Kraus SJ，1995. Attitudes and the prediction of behavior：A meta－analysis of the empirical literature [J]. Personality and Social Psychology Bulletin，21（1）：58－75.

[170] 段文婷，江光荣，2008. 计划行为理论述评 [J]. 心理科学进展（2）：315－320.

[171] Zhang YY，Jing LL，Bai QG，et al.，2018. Application of an integrated framework

to examine Chinese consumers' purchase intention toward genetically modified food [J]. Food Quality and Preference，65：118-128.

[172] Hu HC，1944. The Chinese concept of "face" [J]. American Anthropologist（46）：45-64.

[173] Redding SG，Ng M，1983. The role of "Face" in the organisational perception of Chinese managers [J]. International Studies of Management & Organization，3：92-123.

[174] 郭晓琳，林德荣，2015. 中国本土消费者的面子意识与消费行为研究述评 [J]. 外国经济与管理，37（11）：63-71.

[175] Bao Y，Zhou KZ，Su C，2003. Face consciousness and risk aversion：Do they affect consumer decision-making？ [J]. Psychology and Marketing，20（8）：733-755.

[176] 唐林，罗小锋，张俊飚，2019. 社会监督、群体认同与农户生活垃圾集中处理行为：基于面子观念的中介和调节作用 [J]. 中国农村观察（2）：18-33.

[177] Ting-Toomey S，1988. Intercultural conflict styles：A face-negotiation theory [M]// Y. Y. Kim，W. Gudykunst. Theories in intercultural communication. Newbury Park.

[178] Li JJ，Su C，2007. How face influences consumption：A comparative study of American and Chinese consumers [J]. International Journal of Market Research，49（2）：237-256.

[179] Chang H，Holt GR，1994. A Chinese perspective on face as inter-relational concern [M] //S. Ting-Toomey. The challenge of facework：Cross-cultural and interpersonal issues. Albany，NY：State University of New York.

[180] Li DJ，Wu B，Wu RJ，2009. A model of purchase intention for the Chinese customers：Based on a modification of fishbein's model of reasoned action [J]. Management World（1）：121-129.

[181] 薛海波，符国群，江晓东，2014. 面子意识与消费者购物决策风格：一项70后、80后和90后的代际调节作用研究 [J]. 商业经济与管理（6）：65-75.

[182] Pool GJ，1998. Differentiating among motives for norm conformity [J]. Basic and Applied Social Psychology，29（1）：47-60.

[183] Juan LJ，Su C，2007. How face influences consumption-a comparative study of American and Chinese consumers [J]. International Journal of Market Research，49（2）：237-256.

[184] Xiao G，Kim JO，2009. The investigation of Chinese consumer values，consumption values，life satisfaction，and consumption behaviors [J]. Psychology and Marketing，26 (7)：610 - 624.

[185] Liu S，Smith JR，Liesch PW，et al.，2011. Through the lenses of culture：Chinese consumers' intentions to purchase imported products [J]. Journal of Cross - cultural Psychology，42 (7)：1237 - 1250.

[186] Ajzen I，1985. From intentions to actions：A theory of planned behavior [J]. Action Control：11 - 39.

[187] Sheppard BH，Hartwick J，Warshaw PR，1988. The theory of reasoned action：A meta - analysis of past research with recommendations for modifications and future research [J]. Journal of Consumer Research，15：325 - 343.

[188] Ajzen I，1988. Attitudes，personality，and behavior [M]. Chicago：Dorsey Press.

[189] Jahn G，Schramm M，Spiller A，2005. The reliability of certification Quality labels as a consumer policy tool [J]. Journal of Consumer Policy，28：53 - 73.

[190] Hobbs JE，Goddard E，2015. Consumers and trust [J]. Food Policy，52：71 -74.

[191] Volland B，2017. The role of risk and trust attitudes in explaining residential energy demand：Evidence from the United Kingdom [J]. Ecological Economics，132：14 - 30.

[192] Sassatelli R，Scott A，2001. Novel food，new markets and trust regimes：Responses to the erosion of consumers' confidence in Austria，Italy and the UK [J]. European Societies，3：213 - 244.

[193] Torjusen H，Sangstad L，Jensen KOD，et al.，2004. European consumers' conceptions of organic food [R]. Oslo：National Institute for Consumer Research.

[194] Essoussi LH，Zahaf M，2009. Exploring the decision - making process of Canadian organic food consumers [J]. Qualitative Market Research：An International Journal，12：443 - 459.

[195] Janssen M，Hamm U，2012. Product labelling in the market for organic food：Consumer preferences and willingness - to - pay for different organic certification logos [J]. Food Quality and Preference，25：9 - 22.

[196] Jensen KOD，Denver S，Zanoli R，2011. Actual and potential development of con-

sumer demand on the organic food market in Europe [J]. NJAS—Wageningen Journal of Life Sciences，58 (3 - 4)：79 - 84.

[197] Ajzen I，Fishbein M，1980. Understanding attitudes and predicting social behavior [M]. Englewood Cliffs：Prentice - Hall.

[198] Fishbein M，Ajzen I，2009. Predicting and changing behavior：The reasoned action approach [M]. New York：Psychology Press.

[199] Wu L，Chen JL，2005. An extension of trust and TAM model with TPB in the initial adoption of on - line tax：An empirical study [J]. International Journal of Human - Computer Studies，62：784 - 808.

[200] Bruhn CM，2007. Enhancing consumer acceptance of new processing technologies [J]. Innovative Food Science and Emerging Technologies，8：555 - 558.

[201] Siegrist M，Stampfli N，Kastenholz H，2008. Consumers' willingness to buy functional foods. The influence of carrier, benefit and trust [J]. Appetite，51：526 - 529.

[202] Botonaki A，Mattas K，2010. Revealing the values behind convenience food consumption [J]. Appetite，55：629 - 638.

[203] McComas KA，Besley JC，Steinhardt J，2014. Factors influencing US consumer support for genetic modification to prevent crop disease [J]. Appetite，78：8 - 14.

[204] 戴化勇，陈金波，2016. 中国城镇居民蔬菜消费行为研究：基于人口统计特征视角 [J]. 农业技术经济 (12)：23 - 31.

[205] Shahsavar T，Kubes V，Baran D，2020. Willingness to pay for eco - friendly furniture based on demographic factors [J]. Journal of Cleaner Production，250.

[206] 易行健，张家为，张凌霜，等，2015. 家庭收入与人口结构特征对居民互联网购买行为的影响：来自中国城镇家庭的经验证据 [J]. 消费经济，31 (3)：3 - 12.

[207] 王娜，张磊，2016. 中小城市居民对生鲜蔬菜零售终端的选择行为研究：基于排序多元 Logit 模型的实证分析 [J]. 商业经济与管理 (9)：5 - 13.

[208] 李凤，马惠兰，苏洋，2015. 新疆红枣消费者购买行为：包装偏好、购买渠道与支付水平 [J]. 干旱区地理，38 (2)：420 - 427.

[209] 张露，郭晴，2014. 低碳农产品消费行为：影响因素与组间差异 [J]. 中国人口·资源与环境，24 (12)：55 - 61.

[210] 刘瑞峰，2014. 消费者特征与特色农产品购买行为的实证分析：基于北京、郑州和上海城市居民调查数据 [J]. 中国农村经济 (5)：51 - 61.

[211] 刘宇翔，2013. 消费者对有机粮食溢价支付行为分析：以河南省为例 [J]. 农业技术经济（12）：43-53.

[212] 吴春雅，夏紫莹，罗伟平，2019. 消费者网购地理标志农产品意愿与行为的偏差分析 [J]. 农业经济问题（5）：110-120.

[213] 刘呈庆，蒋金星，尹建中，2017. 生态彩票购买意愿的影响因素分析：基于济南市的问卷调查 [J]. 中南财经政法大学学报（1）：67-75.

[214] 于雪，李秉龙，乔娟，2013. 消费者对中高端猪肉认知与购买行为以及购买意愿影响因素分析：基于北京市城镇居民的调查 [J]. 中国畜牧杂志，49（12）：24-29.

[215] 钟甫宁，易小兰，2010. 消费者对食品安全的关注程度与购买行为的差异分析：以南京市蔬菜市场为例 [J]. 南京农业大学学报（社会科学版），10（2）：19-26.

[216] Armitage CJ，Conner M，1999. The theory of planned behaviour：Assessment of predictive validity and perceived control [J]. British Journal of Social Psychology，38：35-54.

[217] Yazdanpanah M，Forouzani M，2015. Application of the Theory of Planned Behaviour to predict Iranian students' intention to purchase organic food [J]. Journal of Cleaner Production，107：342-352.

[218] Chen MF，2017. Modeling an extended theory of planned behavior model to predict intention to take precautions to avoid consuming food with additives [J]. Food Quality and Preference，58：24-33.

[219] Hair JF，Anderson RE，Tatham RL，et al.，1998. Multivariate data analysis [M]. New Jersey：Prentice-Hall.

[220] Fornell C，Larcker DF，1981. Evaluating structural equation models with unobservable variables and measurement error [J]. Journal of Marketing Research，18（1）：39-50.

[221] Loehlin JC，1992. Latent variable model：An introduction to factor，path，and structural analysis [M]. Hillsdale，NJ：Lawrence Erlbaum.

[222] Thompson B，2000. Ten commandments of structural equation modeling [M] //L. G. Grimm，P. R. Yarnold. Reading and understanding more multivariate statistics. Washington，DC：American Psychological Association.

[223] 吴明隆，2010. 结构方程模型：AMOS 的操作与应用 [M]. 重庆：重庆大学出版社.

[224] Byrne BM，2010. Structural equation modeling with AMOS [M]. New York：

Routledge.

[225] Medsker GJ，Williams LJ，Holahan PJ，1994. A review of current practices for evaluating causal models in organizational behavior and human resources management research [J]. Journal of Management：Official Journal of the Southern Management Association，20（2）：439-464.

[226] Bagozzi RP，Yi Y，1988. On the evaluation of structural equation models [J]. Journal of the Academy of Marketing Science，16（1）：74-94.

[227] Hu LT，Bentler PM，1999. Cutoff criteria for fit indexes in covariance structure analysis：Conventional criteria versus new alternatives [J]. Structural Equation Modeling：A Multidisciplinary Journal，6（1）：1-55.

[228] 贺爱忠，李韬武，盖延涛，2011. 城市居民低碳利益关注和低碳责任意识对低碳消费的影响：基于多群组结构方程模型的东、中、西部差异分析 [J]. 中国软科学（8）：185-192.

[229] 王欢，乔娟，李秉龙，2019. 养殖户参与标准化养殖场建设的意愿及其影响因素：基于四省（市）生猪养殖户的调查数据 [J]. 中国农村观察（4）：111-127.

[230] 劳可夫，2012. 基于多群组结构方程模型的绿色价值结构研究 [J]. 中国人口·资源与环境，22（7）：78-84.

[231] 张连刚，2010. 基于多群组结构方程模型视角的绿色购买行为影响因素分析：来自东部、中部、西部的数据 [J]. 中国农村经济（2）：44-56.

附　录　APPENDIX

附录 A：初始问卷

关于国产婴幼儿配方乳粉消费者购买行为的问卷调查

尊敬的女士/先生：

您好！首先，非常感谢您在百忙之中抽出时间打开这份问卷，希望怀孕中以及宝宝处于 0～4 周岁的 50 周岁以下的购买过婴幼儿配方乳粉的消费者能够帮我完成这份问卷，问卷提交后您会收到一个现金红包，祝您生活愉快，宝贝健康成长！

我是东北农业大学经济管理学院农业经济管理专业的一名博士研究生，正在参与一项国家课题的研究，需要您提供宝贵的数据进行经验分析研究。我们主要是想了解您对国产婴幼儿配方乳粉产品安全的信任以及购买情况，本问卷采取匿名填写方式，您所填写的一切信息仅用于我的学术研究，绝对不会泄露您的私人信息作其他任何用途。您的答案无所谓对或错，您最真实的想法就是最好的答案。感谢您的帮助！

第一部分：消费者安全信任与购买行为量表

序号	测量题项	1完全 不同意	2很 不同意	3有点 不同意	4不 确定	5有点 同意	6很 同意	7完全 同意
	行为态度							
1	我感觉为自己的孩子购买国产婴幼儿配方乳粉是明智的							
2	我感觉为自己的孩子购买国产婴幼儿配方乳粉对其身体发育是有益的							
3	我感觉为自己的孩子购买国产婴幼儿配方乳粉是安全的							

（续）

序号	测量题项	1完全不同意	2很不同意	3有点不同意	4不确定	5有点同意	6很同意	7完全同意
	生产主体信任							
4	中国婴幼儿配方乳粉生产加工主体会严格遵循婴幼儿配方乳粉生产标准							
5	中国婴幼儿配方乳粉生产加工主体特别注重保证产品安全							
6	中国婴幼儿配方乳粉生产加工主体能够控制产品安全							
7	中国婴幼儿配方乳粉生产加工主体宣传的产品安全信息是真实的							
8	中国奶农生产的生牛乳（婴幼儿配方乳粉的奶源）符合安全标准							
9	中国婴幼儿配方乳粉生产加工主体生产的产品是安全有保障的							
	政府信任							
10	政府发布的国产婴幼儿配方乳粉产品安全信息是真实的							
11	政府能够把控国产婴幼儿配方乳粉的产品安全							
12	政府制定的婴幼儿配方乳粉生产标准是严格的							
13	政府制定的婴幼儿配方乳粉监管法规是健全的							
14	政府会对违规企业严格依法惩处							
15	婴幼儿配方乳粉监管部门不会受到其他组织的不当影响							
16	政府特别注重婴幼儿配方乳粉产品安全							
17	我对中国政府控制的婴幼儿配方乳粉的产品安全充满信心							
	社会监管主体信任							
18	媒体报道的国产婴幼儿配方乳粉安全信息大部分是真实的							

（续）

序号	测量题项	1完全 不同意	2很 不同意	3有点 不同意	4不 确定	5有点 同意	6很 同意	7完全 同意
19	报纸报道的国产婴幼儿配方乳粉安全信息大部分是真实的							
20	专家对国产婴幼儿配方乳粉的安全鉴定是真实的							
21	第三方检测机构对国产婴幼儿配方乳粉的质量认证是真实的							
主观规范								
22	我身边的人（亲戚、朋友、同事等）认为我应该为孩子购买进口婴幼儿配方乳粉							
23	我身边的人（亲戚、朋友、同事等）希望我为孩子购买进口婴幼儿配方乳粉							
24	我敬重仰慕的人希望我为孩子购买进口婴幼儿配方乳粉							
群体意识								
25	如果绝大部分亲戚、朋友、同事认为应该购买进口婴幼儿配方乳粉，下次选购时我会为孩子购买进口婴幼儿配方乳粉							
26	如果绝大部分亲戚、朋友、同事都购买进口婴幼儿配方乳粉，下次选购时我会为孩子购买进口婴幼儿配方乳粉							
面子意识								
27	亲戚、朋友、同事认为购买进口婴幼儿配方乳粉能凸显我的身份和品味							
28	自己的孩子喝进口婴幼儿配方乳粉会得到亲戚、朋友、同事等身边的人的尊重							
29	自己的孩子喝进口婴幼儿配方乳粉很有面子							
感知行为控制								
30	如果我想要，我就能很容易的买到进口婴幼儿配方乳粉							

（续）

序号	测量题项	1完全不同意	2很不同意	3有点不同意	4不确定	5有点同意	6很同意	7完全同意
31	我有充足的资源、时间和机会购买进口婴幼儿配方乳粉							
32	我觉得进口婴幼儿配方乳粉是昂贵的							
33	我觉得购买进口婴幼儿配方乳粉并不方便							
34	是否购买进口婴幼儿配方乳粉只取决于我自己的意愿							
进口产品信任								
35	与国产相比，进口婴幼儿配方乳粉产品安全更有保障							
36	与国产相比，进口婴幼儿配方乳粉产品安全更值得信任							
37	与国产相比，进口婴幼儿配方乳粉更有利于宝宝的健康发育							
购买意愿								
38	下次购买时，相比进口奶粉我更愿意购买国产婴幼儿配方乳粉							
39	下次购买时，我选择国产婴幼儿配方乳粉的可能性比较大							
40	下次购买时，我会首先考虑购买国产婴幼儿配方乳粉							
41	当有人向我询问婴幼儿配方乳粉选购建议时，我会推荐国产的							
42	我支持购买国产婴幼儿配方乳粉的做法							

第二部分：个人基本情况

1. 您经常购买的婴幼儿配方乳粉是进口的还是国产的？ _____

①国产　②进口

2. 您购买婴幼儿配方乳粉的主要途径？ _____

①电商渠道（正规电商平台）　②微商代购　③母婴店　④超市

⑤药店　⑥医院　⑦其他

3. 您经常购买的婴幼儿配方乳粉的价位？＿＿＿＿＿＿

①100 元以下　②100～200 元　③200～300 元　④300 元以上

4. 您经常购买的国产婴幼儿配方乳粉品牌？＿＿＿＿＿＿

5. 您的性别是＿＿＿＿＿＿？

①男性　②女性

6. 您的年龄为＿＿＿＿＿＿？

①19 周岁以下　②20～29 周岁　③30～39 周岁　④40～50 周岁

7. 您长期居住在＿＿＿＿＿＿？您长期居住的地点名称是＿＿＿＿＿＿。

①市区　②县城　③乡镇

8. 您的受教育程度是＿＿＿＿＿＿？

①高中以下（不包括高中）　②高中或中专　③大专或专科　④本科

⑤硕士　⑥博士

9. 请问您所从事的职业（可多选）＿＿＿＿＿＿？

①学生　②党政机关及事业单位工作人员　③企业公司　④自由职业者

⑤个体户　⑥乳制品行业相关从业者　⑦无业/下岗/失业　⑧农民

10. 您家庭所有成员的月收入共计约为＿＿＿＿＿＿？

①1 000 元以下　②1 001～3 000 元　③3 001～5 000 元

④5 001～8 000 元　⑤8 001～10 000 元　⑥10 001～15 000 元

⑦15 001～20 000 元　⑧20 001 元以上

11. 您家中的小孩数量？＿＿＿＿＿＿

12. 您的孩子现在几岁？＿＿＿＿＿＿

①怀孕中　②0～6 个月　③6～12 个月　④1～3 周岁　⑤3～4 周岁

附录 B：正式问卷

关于国产婴幼儿配方乳粉消费者购买行为的问卷调查

尊敬的女士/先生：

您好！首先，非常感谢您在百忙之中抽出时间打开这份问卷，希望备孕或怀孕中以及宝宝处于 0～4 周岁的 50 周岁以下的消费者能够帮我完成这份问卷，问卷提交后您会收到一个现金红包，祝您生活愉快，宝贝健康成长！

我是东北农业大学经济管理学院农业经济管理专业的一名博士研究生，正在参与一项国家课题的研究，需要您提供宝贵的数据进行经验分析研究。我们主要是想了解您对国产婴幼儿配方乳粉产品安全的信任以及购买情况，本问卷采取匿名填写方式，您所填写的一切信息仅用于我的学术研究，绝对不会泄露您的私人信息作其他任何用途。您的答案无所谓对或错，您最真实的想法就是最好的答案。感谢您的帮助！

第一部分：消费者安全信任与购买行为量表

序号	测量题项	1完全不同意	2很不同意	3有点不同意	4不确定	5有点同意	6很同意	7完全同意
	行为态度							
1	我感觉为自己的孩子购买国产婴幼儿配方乳粉是明智的							
2	我感觉为自己的孩子购买国产婴幼儿配方乳粉对其身体发育是有益的							
3	我感觉为自己的孩子购买国产婴幼儿配方乳粉是安全的							
	生产主体信任							
4	中国婴幼儿配方乳粉生产企业会严格遵循婴幼儿配方乳粉生产标准							
5	中国婴幼儿配方乳粉生产企业特别注重保证产品安全							
6	中国婴幼儿配方乳粉生产企业能够控制产品安全							

（续）

序号	测量题项	1完全不同意	2很不同意	3有点不同意	4不确定	5有点同意	6很同意	7完全同意
7	中国婴幼儿配方乳粉生产企业宣传的产品安全信息是真实的							
8	中国奶农生产的生牛乳（婴幼儿配方乳粉的奶源）符合安全标准							
政府信任								
9	政府制定的婴幼儿配方乳粉生产标准是严格的							
10	政府制定的婴幼儿配方乳粉监管法规是健全的							
11	政府会对违规企业严格依法惩处							
12	婴幼儿配方乳粉监管部门不会受到其他组织的不当影响							
13	政府特别注重婴幼儿配方乳粉产品安全							
社会监管主体信任								
14	媒体报道的国产婴幼儿配方乳粉安全信息大部分是真实的							
15	报纸报道的国产婴幼儿配方乳粉安全信息大部分是真实的							
16	专家对国产婴幼儿配方乳粉的安全鉴定是真实的							
17	第三方检测机构对国产婴幼儿配方乳粉的质量认证是真实的							
主观规范								
18	我身边的人（亲戚、朋友、同事等）认为我应该为孩子购买进口婴幼儿配方乳粉							
19	我身边的人（亲戚、朋友、同事等）希望我为孩子购买进口婴幼儿配方乳粉							
群体意识								
20	如果绝大部分亲戚、朋友、同事认为应该购买进口婴幼儿配方乳粉，下次选购时我会为孩子购买进口婴幼儿配方乳粉							

（续）

序号	测量题项	1完全 不同意	2很 不同意	3有点 不同意	4不 确定	5有点 同意	6很 同意	7完全 同意
21	如果绝大部分亲戚、朋友、同事都购买进口婴幼儿配方乳粉，下次选购时我会为孩子购买进口婴幼儿配方乳粉							
面子意识								
22	亲戚、朋友、同事认为购买进口婴幼儿配方乳粉能凸显我的身份和品味							
23	自己的孩子喝进口婴幼儿配方乳粉会得到亲戚、朋友、同事等身边的人的尊重							
24	自己的孩子喝进口婴幼儿配方乳粉很有面子							
感知行为控制								
25	如果我想要，我就能很容易的买到进口婴幼儿配方乳粉							
26	我有充足的资源、时间和机会购买进口婴幼儿配方乳粉							
进口产品信任								
27	与国产相比，进口婴幼儿配方乳粉产品安全更有保障							
28	与国产相比，进口婴幼儿配方乳粉产品安全更值得信任							
购买意愿								
29	下次购买时，相比进口奶粉我更愿意购买国产婴幼儿配方乳粉							
30	下次购买时，我选择国产婴幼儿配方乳粉的可能性比较大							
31	下次购买时，我会首先考虑购买国产婴幼儿配方乳粉							
32	当有人向我询问婴幼儿配方乳粉选购建议时，我会推荐国产的							
33	我支持购买国产婴幼儿配方乳粉的做法							

第二部分：个人基本情况

1. 您经常购买的婴幼儿配方乳粉是进口的还是国产的？ _____

①国产　②进口

2. 您购买婴幼儿配方乳粉的主要途径？ _____

①电商渠道（正规电商平台）　②微商代购　③母婴店　④超市

⑤药店　⑥医院　⑦其他

3. 您经常购买的婴幼儿配方乳粉的价位？ _____

①100 元以下　②100～200 元　③200～300 元　④300 元以上

4. 您经常购买的国产婴幼儿配方乳粉品牌？ _____

5. 您的性别是_____？

①男性　②女性

6. 您的年龄为_____？

①19 周岁以下　②20～29 周岁　③30～39 周岁　④40～50 周岁

7. 您长期居住在_____？您长期居住的地点名称是_____。

①市区　②县城　③乡镇

8. 您的受教育程度是_____？

①高中以下（不包括高中）　②高中或中专　③大专或专科　④本科

⑤硕士　⑥博士

9. 请问您所从事的职业（可多选）_____？

①学生　②党政机关及事业单位工作人员　③企业公司　④自由职业者

⑤个体户　⑥乳制品行业相关从业者　⑦无业/下岗/失业　⑧农民

10. 您家庭所有成员的月收入共计约为_____？

①1 000 元以下　②1 001～3 000 元　③3 001～5 000 元

④5 001～8 000 元　⑤8 001～10 000 元　⑥10 001～15 000 元

⑦15 001～20 000 元　⑧20 001 元以上

11. 您家中的小孩数量？ _____

12. 您的孩子现在几岁？ _____

①怀孕中　②0～6 个月　③6～12 个月　④1～3 周岁　⑤3～4 周岁